老年教育系列教材

组　编

安徽老年开放大学

安徽老年教育研究院

编纂工作委员会

主　任

郑汉华

副主任

张　敏　朱　彤（执行）

委　员

方　文　徐谷波　史　锐　张　仿

金大伟　黄　铭　王　俊　姜磊磊

编委会

总主编

高开华

副总主编

方　文

编　委

姚本先　孔　燕　朱俊峰　江　丽　查海波

张玉琼　刘盛峰　李海艳　陈　薇　张　飞

田红梅　王正玉　谭　冉

老年教育系列教材

老年心理保健 36 计

姚本先　王道阳／主编

中国科学技术大学出版社

内 容 简 介

本书从老年人心理健康的角度,结合老年人的身心特点、兴趣爱好、医学科学知识及人文知识等,以通俗的语言提出了调节老年人常见心理障碍的方法以及实现健康老龄化的途径,使老年人能够正确处理方方面面的不适心理状态,引导他们以平常的心态度过晚年,使他们在保持生理健康的同时,提高整体生命质量。

图书在版编目(CIP)数据

老年心理保健36计/姚本先,王道阳主编.—合肥:中国科学技术大学出版社,2021.6
(2024.11重印)
老年教育系列教材
ISBN 978-7-312-05126-5

Ⅰ.老… Ⅱ.①姚… ②王… Ⅲ.老年人—心理保健—教材 Ⅳ.① B844.4 ② R161.7

中国版本图书馆CIP数据核字(2020)第269919号

老年心理保健36计
LAONIAN XINLI BAOJIAN 36 JI

出版	中国科学技术大学出版社
	安徽省合肥市金寨路96号,230026
	http://press.ustc.edu.cn
	https://zgkxjsdxcbs.tmall.com
印刷	合肥市宏基印刷有限公司
发行	中国科学技术大学出版社
经销	全国新华书店
开本	787 mm×1092 mm 1/16
印张	7.75
字数	126千
版次	2021年6月第1版
印次	2024年11月第3次印刷
定价	39.00元

前　言

刚刚过去的2020年,是极不平凡的一年。新冠肺炎疫情的暴发不仅给大众的身体健康带来威胁,也对大众心理健康带来前所未有的挑战。在疫情严峻的考验面前,党中央带领全国各族人民按照习近平总书记坚定信心、同舟共济、科学防范、精准施策的要求,取得了抗击新冠肺炎的阶段性胜利,生产生活秩序也恢复正常,但是疫情对大众心理的影响并不会随着疫情结束而消失,疫情期间产生的大量心理问题和疫情之后引发的一些心理与精神疾病还将持续。

第七次全国人口普查结果显示,我国65岁以上人口约为1.9亿,占总人口数的13.5%。老年人作为一个特殊群体,身心健康更容易受到不利影响。因此,老年人心理健康尤其值得关注。本书就是一本专门为老年人心理健康服务的通俗读物。

为适应老年人阅读特点,本书尽量使用简洁通俗的文字介绍心理健康知识和自我调节心理压力的方法,提炼出老年心理保健36计,每一计设置知识窗、活动场、启思录三个板块。其中,知识窗主要围绕所述问题介绍基本心理学知识。活动场主要设计一些具有操作性的心理自我调节的活动、测试等,让老年读者能把先前的知识学习转化为实际操作,结合自身体验,加深对心理健康知识的理解和感悟。启思录是一些名言警句、小故事或总结性话语,通俗易懂,方便记忆,让老年读者阅读之后能有所收获。

　　本书由姚本先教授和王道阳博士主编,安徽开放大学江丽、陈薇老师参与了部分章节编写,安徽师范大学苑彬、胡晨、徐艳、柳肖肖、甄宝华、仝真等研究生为编写工作付出了辛勤劳动。本书内容主要包括老年心理健康的基本常识,编者借鉴了有关书籍、资料、网站等,谨向这些文献资料的作者致以衷心的感谢!由于编者的学识有限,书中如有不妥之处,敬请谅解,欢迎指正。

目　录

前言 ··· (i)

第1章　老年心理与心理健康 ·· (1)
　　第 1 计　掌握老年心理健康的标准 ··· (1)
　　第 2 计　弄清老年人身心的变化 ··· (5)

第2章　老年认知心理与心理健康 ·· (9)
　　第 3 计　了解老年感知能力的变化 ··· (9)
　　第 4 计　了解老年记忆能力的特点 ··· (12)
　　第 5 计　知道老年人的大脑也具有可塑性 ·· (15)
　　第 6 计　接受老年认知能力的变化 ··· (17)

第3章　老年情绪与心理健康 ··· (21)
　　第 7 计　了解老年情绪情感的变化 ··· (21)
　　第 8 计　知道老年人常见的不良情绪 ·· (25)
　　第 9 计　掌握老年人情绪自我管理方法 ··· (29)
　　第 10 计　掌握老年人摆脱孤独感和失落感的方法 ··· (34)
　　第 11 计　掌握老年人消除恐惧心理的方法 ·· (39)

第4章　老年人际关系与心理健康 ·· (42)
　　第 12 计　正确认识和对待"人走茶凉" ··· (42)
　　第 13 计　加强老年人社会人际交往 ··· (45)
　　第 14 计　了解老年人际交往应注意的问题 ·· (50)
　　第 15 计　掌握搞好"代际"关系的方法 ··· (53)
　　第 16 计　通过人际关系帮助老年人缓解老年期抑郁症 ···································· (55)

第5章　老年人格特征与心理健康 ·· (57)
　　第 17 计　知道老年人性格也在发展变化 ·· (57)
　　第 18 计　接受他人的变与不变 ·· (60)
　　第 19 计　接受自己的变与不变 ·· (62)
　　第 20 计　培养并保持积极的人生观 ··· (65)

第21计　开启自己的"第二人生" ··（68）

第6章　老年社会适应与心理健康 ··（71）
第22计　做好离退休前的心理准备 ···（71）
第23计　努力适应社会角色的转变 ···（74）
第24计　努力克服由于角色转换所产生的不适应感 ·······························（77）
第25计　努力适应现代社会生活 ··（80）
第26计　努力做到老有所为 ··（82）

第7章　老年家庭婚姻与心理健康 ··（85）
第27计　了解家庭和睦对老年人心理保健的影响 ··································（85）
第28计　清楚夫妻恩爱对老年人的身心健康的裨益 ·······························（88）
第29计　学会排遣老年生活的"空巢感" ··（91）
第30计　正确认识老年人在家庭中的作用 ···（95）
第31计　处理好家庭人际关系冲突 ···（98）

第8章　老年长寿心理与心理健康 ··（101）
第32计　了解长寿老人的心理表现 ··（101）
第33计　掌握延缓心理衰老的方法 ··（104）
第34计　了解老年人害怕死亡的原因 ···（107）
第35计　正确看待生死 ··（109）
第36计　追求精神永存 ··（112）

第1章　老年心理与心理健康

第1计　掌握老年心理健康的标准

知识窗

怎样判断自己是否是老年人？

一般来说，有两种视角。

一种是生理年龄视角。一般来说，老年人为65岁以上的群体。其中，66~74岁为青年老年人，75~89岁为正式老年人，90岁以上为长寿老年人。

另一种是心理发展水平视角。表1-1中的内容是对不同年龄段个体的世界观和行为表现比较通俗的描述。我们可以对照表1-1，看看自己持有的世界观和行为表现是不是对应现在的年龄阶段。

表1-1　个体不同世界观和行为表现对应的年龄段

世界观	行为表现	年龄段
相信一切童话都是真的	极力模仿	幼年
怀疑一切真理都是假的	总是叛逆	青年
认清了世界的半真半假	处事稳重	中年
真假不重要，难得糊涂	与世无争	老年

老年人身心健康的标准

健康早已不是单单身体上没有疾病,健康应该是生理、心理和社会等方面完全安好的状态。世界卫生组织提出的用来衡量一个人身心健康状况的"五快三良好"标准应该成为判断一个人身心健康的"金标准"。

"五快"指:

1. 吃得快

吃得快并不是指吃饭速度快、狼吞虎咽,而是指胃口好,有食欲,不挑食。这是因为胃口的好坏与胃肠道系统的状况关系密切,如果老是没胃口,吃什么都不香,很可能是肠胃不好,消化吸收功能不行。

2. 便得快

一旦感觉有便意,能很快排泄完大小便,而且无不适感觉。大小便的情况与一个人的新陈代谢能力有关,排便不畅,会引起一系列疾病。一般来讲,每次大便时间3~10分钟属正常,老年人可适当长些。

3. 睡得快

有睡意,上床后能很快入睡,且睡得好,醒后头脑清醒,精神饱满。好睡眠有4个标准:躺下15分钟就能睡着,睡时不被噩梦惊醒,起夜不超过两次,第二天醒后精神焕发。睡得"快又好"说明中枢神经系统的兴奋、抑制功能正常,是人体免疫力的保证。

4. 走得快

行步自如,步履轻盈。行走能力可以反映关节、韧带、肌肉等健康与否,还与大脑功能有一定关系。科学家研究发现,一次能步行约4000米的老人,身体更健康。走路是很好的运动方式之一,如快走能预防糖尿病、降低脑卒中风险等。

5. 说得快

思维敏捷,口齿伶俐。老年人应该"退而不休",多阅读书报,出去聊天下棋、唱歌跳舞等,多培养一些兴趣爱好,多与人交流、沟通。

"三良好"指:

1. 良好的个性人格

情绪稳定,性格温和;意志坚强,感情丰富;胸怀坦荡,豁达乐观,没有经常性的压抑感和冲动感。

2. 良好的处事能力

观察问题客观、现实，具有较好的自控能力，能适应复杂的社会环境，能保持社会外部环境和身体内部环境的平衡。

3. 良好的人际关系

与他人交往的愿望强烈，助人为乐，与人为善，尊重他人人格，对人际交往充满热情。

活动场

通过回答下面的问题，看一看自己的心境处于怎样的水平。

说明：下面从五个方面列出生活中的20种信号，每种信号分别根据程度的轻重给予0，1，2，3，4分。

活动方面：

（1）失去对社交或者集体活动兴趣，觉得它们似乎太耗精力。

（2）对空闲时间自己该做什么，一点也没有底。

（3）经常去做一些难以完成的事情。

（4）因为要做的事太多，生活太累，感到不知所措和无所适从。

感觉方面：

（1）觉得一天当中很少有由自己支配的时间。

（2）感到不被家人或他人赏识。

（3）时常有一种莫名其妙的不满和愤怒。

（4）经常在寻求别人的恭维和夸奖。

饮食方面：

（1）因某种事情而紧张或焦虑，茶饭不香。

（2）靠买贵重物品来炫耀自己的财富。

（3）想通过喝点酒等行为来缓解焦虑和烦闷。

（4）有恶心、腹痛或腹泻的症状。

睡眠方面：

（1）经常因担心某事而失眠。

（2）睡了整整一夜，但是仍然感觉没有休息好。

（3）晚上在不想睡觉的时候睡着了。

（4）需要长时间的午睡。

观念方面：

（1）失去了幽默感。

（2）情绪急躁易怒。

（3）对未来很悲观。

（4）觉得自己麻木，对什么事都无动于衷。

计分规则与解释：

将以上20项的得分加到一起，计算总分。

总分为1～20分，表示心境很好；总分为21～40分，表示心境较好；总分为41～60分，表示心境有点差，应该设法改善；总分为61～80分，表示心境很差，必须对生活加以重新调整来改善心境。

注意：上述心理测试仅供参考，得分过高或过低不代表有无心理健康问题，是否有心理健康问题或心理疾病需要到专业机构做诊断。

启思录

老了，真好

老了，没什么不好。老天爷是公平的，它夺走了我们青春的容颜、强健的体魄，却赐一颗明净淡然的心给老了的我们。

第一，老了，明白了；

第二，老了，自由了；

第三，老了，轻松了。

我们的生活轨迹是：随心所欲，顺其自然；寄情山水，颐养天年。

我们的生活准则是：淡泊名利，学会舍弃；热爱生活，懂得珍惜。

我们的雄心壮志是：切切实实把健康摆在生活的第一位，争取老而不衰，老当益壮，最后达到长寿善终，为家庭和社会减少一些负担。

第2计　弄清老年人身心的变化

知识窗

老年人身体会有哪些变化？

步入老年，身体各器官功能逐渐衰退，使老年人在生理上发生了一系列变化。衰老是一种自然现象和客观规律，其主要表现在以下几个方面：

1. 运动系统的变化

老年人骨关节灵活性变差，活动幅度减小。肌肉的工作能力减弱，活动范围变小，运动能力下降，机敏度和持久力也会下降。身高和体重随着年龄的增长分别逐渐萎缩和减轻，身体会出现弯腰、弓背的现象。

2. 消化系统的变化

由于牙齿松动或脱落，咀嚼食物受限，胃肠道的消化吸收功能减弱，影响食物的消化和吸收，可能会出现食欲减退或缺乏、便秘等现象。

3. 呼吸系统的变化

由于肺组织弹性降低，肺活量减小，呼吸道黏膜逐渐萎缩，排除异物的功能减退。

4. 内分泌系统的变化

老年期甲状腺、胰腺、性腺等分泌功能减弱，体内原有的平衡被破坏，需要建立新的平衡。此时容易出现黏液性水肿、糖尿病和更年期综合征等。

5. 神经系统的变化

老年人大量的神经元细胞萎缩，神经纤维出现退行性改变，脑血流量减少，因而可能对周围事物的兴趣降低，记忆、分析等综合能力减退，表情淡漠等。

老年人心理会有哪些变化？

1. 智力的变化
研究表明，智力中与神经系统、感觉、运动器官的生理结构和功能有关的方面，在40岁之后就开始减退。智力中与知识经验的积累有关的方面，随年龄增长减退较晚，甚至有所提高。

2. 记忆力的变化
随着年龄增长，老年人记忆能力下降，以有意识记忆为主，无意识记忆为辅；再认能力尚好，回忆能力较差，例如能认出熟人但叫不出名字。老年人意义记忆完好，但机械记忆的能力不如年轻人。

3. 思维的变化
思维是人类认识过程的最高形式，是更为复杂的心理过程。老年人随着记忆力的减退，在概念形成、解决问题的思维过程、创造性思维和逻辑推理方面都受到影响，而且个体差异很大。

4. 人格的变化
人到了老年期，人格（即人的特性或个性，包括性格、兴趣、爱好、倾向性、价值观、才能和特长等）也相应有些变化，如对健康的过分关注而产生的焦虑，把握不住现状而产生怀旧、孤独、任性和发牢骚等。近年来有研究认为，老年期的主要心理问题是人格的完整性或绝望之感。

5. 情感与意志的变化
老年人的情感和意志因社会地位、生活环境、文化素质的不同而存在较大差异。衰老过程中情感活动是相对稳定的，即使有变化也是生活条件、社会地位变化所造成的，并非年龄本身所决定。

活动场

如何知道自己的身体是否健康？下面是一些自我检查身体的小方法，不妨试一试。

1. 屏气测试
深吸一口气，然后最大限度地屏气。一个年满50岁的人，能屏气30秒左右就证明肺功能良好。长时间屏气后,再慢慢呼出,呼出时间3秒钟最理想。

2. 呼吸功能测试

在安静状态下正常呼吸,记录每分钟的呼吸频率。下述频率为各年龄段的最佳值,不在下面范围者均属欠佳:40岁为10～15次/分钟,50岁为8～10次/分钟,60岁为5～10次/分钟。

3. 心脏功能测试

在1分钟内,向前弓背弯腰20次,前倾时呼气,直立时吸气。弯腰之前先记录下自己的脉搏,做完运动后再立即测量自己的脉搏,运动结束1分钟后做第3次测量,将此3项数据相加,减去200,除以10,如所得数为0～3,表明心脏功能极佳;4～6为良好;9～12为较差;12以上就该考虑就医了。

4. 体力、腿力测试

如一步迈两个台阶,能快速爬上5楼,说明健康状况良好;一级一级登上5楼,没有明显气喘现象,说明健康状况不错;如果气喘吁吁,说明健康状况较差;登上3楼就又累又喘,意味着身体虚弱,应到医院进一步查明原因。

5. 反应力测试

检测人员手握尺子上端,让零刻度朝下,并保持垂直。受测试人员将手放置在尺子下端,检测人员突然松手,受测试人员以最快速度抓住尺子,抓住尺子的刻度越小,则反应力越强,如果抓住的刻度超过20厘米,则表明反应力太弱,需要引起注意。

6. 平衡力测试

测试者闭上眼睛,双手自然下垂,然后抬起一只腿,保持"金鸡独立"的姿势,站立时间越久表明平衡力越好,如果坚持时间不到10秒,则表明平衡能力较差,需要引起注意。

启思录

坚持走在路上

人生是一次漫长的旅行。人老了,说明你已经走过了很长的人生之路,而且依然坚定地走在这条路上。这本身就说明你是一个胜利者,值得骄傲和庆幸。

人老了,人生的路上平添了许多限制,这是不争的事实。腿脚不灵便了,掉牙、脱发了,视力、听力减退了,消化能力变差了……诸如此类的限制和障碍的确很多。但这是规律,任何人都不可回避。作为一个明白的、有智慧的老者,决不能由此陷入消极和悲哀。

不能远足可以近行,听力不行可用视力,吃硬的食物不行吃软的。即使肉体不行了,还有精神性的自我;只要精神不倒,就可以与限制终生相伴而行。只要坚定地走在路上,这行走的坚毅就是一种伟大。

第2章　老年认知心理与心理健康

第3计　了解老年感知能力的变化

知识窗

感知能力是什么？

感知能力就是指感觉和知觉的能力，是最简单的心理现象。

感觉是我们大脑对事物个别属性的认识。我们在生活中，用自己的眼、耳、鼻、舌等器官接触事物，产生的视觉、听觉、嗅觉、味觉和触觉等就是感觉。

知觉是事物在我们大脑中形成的整体形象。例如，在大脑中，把苹果的形状、颜色、气味和滋味的感觉组合起来，形成苹果的整体形象，就是知觉。

老年人感知能力会如何变化？

一个人到五六十岁以后，不仅视觉和听觉，还有味觉、嗅觉和躯体皮肤感觉也会随年龄增长而逐渐发生退行性变化，如表2-1所示。

表2-1　老年感知觉可能发生的变化

感知觉功能	可能产生的变化
视觉	老视、飞蚊症
听觉	重听、老年性耳聋
味觉	甜、咸味感觉迟钝，唾液分泌变少
嗅觉	对气味敏感性减退
躯体觉	温度知觉、痛觉迟钝，平衡感变差
知觉	时间知觉、运动知觉等逐渐变差

老年人生理功能的退变,导致老年人心理上的知觉障碍,无法对客观事物有一个全面清楚的了解,从而对事物反应迟钝、模糊、分辨不清等。

但是,感知觉的退行性变化通常对复杂的心理活动并不产生严重的影响。老年人的行为与其年轻时相比,创新性不足而实用性和经验性有余。知觉的存在有赖于过去的知识与经验,所以,老年人可以通过培养良好的观察力来帮助自己克服因感知觉不灵敏所导致的心理障碍。

因此,老年人不能因自己感知觉的退行性变化就认为自己老而无用或老而无能。

活动场

通过回答以下问题,看一看自己的感知觉与沟通能力如何。

说明:下面分别从四个方面给出19种信号,根据自身感受进行选择,每小题分别按情况给予0~4分。

(1) 意识水平方面

① 神志清醒,对周围环境警觉(0分);

② 嗜睡,表现为睡眠状态过度延长(1分);

③ 昏睡,一般的外界刺激不能使其觉醒,给予较强烈的刺激时可有短时意识清醒,当刺激减弱后又很快进入睡眠状态(2分);

④ 昏迷,处于浅昏迷时对疼痛刺激有回避和痛苦的表情(3分);

⑤ 处于深昏迷时对刺激无反应(4分)。

(2) 视力方面(若平时戴老花镜或者近视镜,应在佩戴眼镜的情况下评估)

① 能看清书报上的标准字体(0分);

② 能看清楚大字体,但看不清书报上的标准字体(1分);

③ 视力有限,看不清报纸大标题,但能辨认物体(2分);

④ 辨认物体有困难,但眼睛能跟随物体移动,能看到光、颜色和形状(3分);

⑤ 没有视力,眼睛不能跟随物体移动(4分)。

(3) 听力方面(若平时佩戴助听器,应在佩戴助听器的情况下评估)

① 可正常交谈,能听到电视、电话、门铃的声音(0分);

② 在轻声说话或说话距离超过2米时听不清(1分);

③ 正常交流有些困难,需在安静的环境下大声说话才能听到(2分);

④ 讲话者大声说话或说话很慢,才能部分听见(3分);

⑤ 完全听不见(4分)。

(4) 沟通交流方面(包括非语言沟通)

① 无困难,能与他人正常沟通和交流(0分);

② 能够表达自己的需要及理解别人的话,但需要增加时间或给予帮助(1分);

③ 表达需要或理解有困难,需频繁重复或简化口头表达(2分);

④ 不能表达需要和理解他人的话(3分)。

计分规则与解释:

(1) 感知觉与沟通能力完好:意识清醒,且视力和听力评分为0~1分,沟通评分为0分。

(2) 感知觉与沟通能力轻度受损:意识清醒,视力或听力中至少有一项评分为2分,沟通评分为1分。

(3) 感知觉与沟通能力中度受损:意识清醒或嗜睡,视力或听力中至少有一项评分为3分,沟通评分为2分。

(4) 感知觉与沟通能力重度受损:意识清醒或嗜睡,视力或听力中至少有一项评分为4分,沟通评分为3分。

注意:上述心理测试仅供参考,得分过高或过低不代表有无心理健康问题,是否有心理健康问题或心理疾病需要到专业机构做诊断。

启思录

哲理小故事

老禅师问:"天空大吗?"弟子说:"大。""树叶大吗?"弟子说:"不大。"

老禅师接着问,天空能挡住人的眼睛吗?弟子说,不能。树叶能挡住人的眼睛吗?弟子说,能。

挡住人们视线、迷失人们心智、阻碍人们前进的,往往是生活中的一小片"树叶"、一小点疙瘩、一小步坎坷。人到老年,不要因为听力下降就沮丧,不要因为视力不佳就担心,应当正确对待生理功能的退变。

第4计 了解老年记忆能力的特点

知识窗

老年人的记忆类型有哪些?

记忆是人脑对外界的信息进行编码、存储和提取的过程。通俗来说,我们生活中的经验,能够在头脑中保留相当长的时间,在一定条件下还能恢复,这就是记忆。

记忆类型有哪些呢?一般来说,有四种划分方式,如表2-2所示。

表2-2 记忆的类型划分

划分方式	划分类型
信息保持的时间长短	感觉记忆(存储时间0.25~4秒)、短时记忆(5~60秒)、长时记忆(永久性)
长时记忆的类型	情景记忆(事件相关)、语义记忆(知识、规律)
是否需要意识参与	外显记忆(受意识控制)、内隐记忆(意识不到)
记忆内容的性质	程序性记忆(如何做)、陈述性记忆(是什么)

老年人的记忆能力有什么特点?

成人的记忆能力随年龄增长而呈现下降趋势,这是一种自然现象,可称为记忆的正常年老化。老年人记忆的特点和变化可归纳如下:

(1) 记忆过程:人们的感觉记忆随年老而减退,短时记忆变化较小,老年人的记忆衰退主要指长时记忆。

(2) 再认与回忆:老年人再认能力明显比回忆能力好。

(3) 情景记忆、语义记忆:随年龄的增加,情景记忆能力显著下降,语义记忆能力保持较好,一般要到60~70岁才开始下降,且与教育程度有关。

由此可见,老年人的记忆衰退并不是全面衰退,而只是部分衰退,主要是长时记忆、机械记忆和再现记忆衰退得较快。

活动场

每年的9月21日是"世界阿尔茨海默病日"。阿尔茨海默病是一种慢性的神经退行性疾病,患者会伴随记忆力减退、受损等多种症状。世界阿尔茨海默病日的设立是为了关爱阿尔茨海默病患者,预防阿尔茨海默病。通过回答下面的记忆障碍自评问题,看看你是否有患阿尔茨海默病的风险。

(1) 判断力出现问题(如做决定存在困难,做出错误的财务决定,存在思考障碍等)。

(2) 兴趣减退,爱好改变,活动减少。

(3) 不断重复同一件事(如总是问相同的问题,重复讲同一个故事等)。

(4) 学习使用某些简单的日常工具或家用电器、器械时有困难(如电脑、遥控器等)。

(5) 记不清当前月份或年份等。

(6) 处理复杂的个人经济事务有困难(如忘了如何支付水、电、煤气费用等)。

(7) 记不住和别人的约定。

(8) 日常记忆和思考能力出现问题。

注意:如果以上问题中,回答"是"达两项以上,就需要去医院就诊(该问题不能用来诊断是否患有疾病,只能用来确定是否需要就诊)。

启思录

人生算法

人生,可以用一道四则运算题来比拟吗?

如果可以,那么青年要做乘法,中年要做加法,到了老年,就得学会做减法,而且减数要越来越大。

人到老年，偶尔傻一点，该健忘的就健忘，该粗心的就粗心，该弄不清楚的就不清楚。过去了的事就过去了。如果只会记，不会忘，只会精确计算，不会估算，只会明察秋毫，不会一叶障目，只会精明强悍，不会丢三落四……你的老年生活就只会有无休止的烦恼。

第5计　知道老年人的大脑也具有可塑性

知识窗

大脑内部构造是怎样的？

人脑的结构是非常复杂的。简单来说，人脑结构主要包括脑核、边缘系统和大脑皮质三大部分，各部分分工如表2-3所示。

表2-3　人脑的组成及功能

人脑的组成	人脑的主要功能
脑核	呼吸、心跳、觉醒、运动、睡眠、平衡
边缘系统	行动、情绪、记忆处理
大脑皮质（左大脑和右大脑）	较高级的认知和情绪功能

老年人的大脑具有可塑性吗？

大脑可塑性指大脑可以被环境和经验修饰的能力。大脑可塑性主要体现在结构可塑性和功能可塑性两个方面。

从结构上讲，大脑可塑性是指通过学习训练等使大脑皮层厚度、灰质体积、白质纤维连接的强度和方向等发生变化。

从功能上讲，脑的可塑性是指脑区间发生的功能分离或者功能整合。

脑科学家长期以来一直认为，老年人学习新事物的神经灵活性（可塑性）较差。但越来越多的研究发现，老年人和年轻人一样能够进行视觉学习，学习能力很强的老年人表现出的可塑性甚至比年轻人都要好，只不过与之相关的大脑区域和年轻人不同。

总之，从心理学的观点来看，年龄并不是决定个体大脑可塑性的关键因素。

活动场

下面是一些怡情健脑的小活动,不仅简单,还能达到促进大脑灵活性、创造性的作用,对于老年朋友们来说是再好不过的了,可以学一学、试一试。

1. "偏不这样做"

两人一组轮流向对方"发号施令",如向左转、向右转等,但执行者要向所要求的反方向转身,如要求向右转时,应向左转。这样会促进脑内顶叶、枕叶等各功能区的联系,提高大脑的可塑性。

2. 用左手做事

挑一个闲暇的日子,强迫自己只用左手(左利手的人用右手)来完成一些日常事务,如刷牙、梳头和吃饭,甚至用左手来写字等。这样会让大脑细胞之间建立起新的连接,随着时间的推移,左手会变得灵活,这就意味着大脑也更灵活了。

3. 倒着数数

主要有以下3种方式:从200开始倒数,每次减去5,如200,195,190,…;从150开始倒数,每次减去7,如150,143,136,…;从100开始倒数,每次减去3,如100,97,94,…。这个游戏有助于集中注意力。

4. 用7个词写小说

只用7个词写一段故事,尽量使内容清晰完整,如果还能引发读者的一些遐想就更好了。这种游戏会增强叙事能力,提高大脑的创造性。

启思录

活到老,学到老

人至老年,我们的大脑可能没有了年轻时的敏捷思维,但是留下了千锤百炼的智慧。

老了,依然需要学习;老了,依然可以创造;老了,依然可以作为;老了,依然可以迸发无穷的想象力。

"生命在于运动"是众所周知的。然而,现代科学研究认为"生命在于脑运动",这是因为人体衰老首先是从大脑开始的。生命不止,学习不止。

第6计　接受老年认知能力的变化

知识窗

老年人认知能力会发生怎样的变化？

认知能力是指人脑加工、储存和提取信息的能力，它是人们成功地完成活动最重要的心理条件。感知觉、记忆、注意、思维和想象的能力都被认为是认知能力。

认知活动的退行性变化是老年期心理发展总趋势的一个特征。老年人的感知觉最早出现衰退，记忆变化的总趋势也是随着年龄的增长而下降。

思维上，很多老年人表现出了以自我为中心的特点（也就是人们所说的"老还小"），但是，很多老年人比年轻人表现出更多的智慧，对人生问题也有不同寻常的洞察力。智力有所减退，但非全部，除了记忆障碍、思想固执、注意力难以集中、持久性差以外，较为严重的是阿尔茨海默病。

老年人如何应对认知能力的变化？

认知能力的衰退是一种自然规律，任何人都无法违背。

1. 要有正确的认识

老年人对认知能力的衰退要有正确认识，明确认知能力的衰退是一个正常的生理现象，没有人能逃避，所以要顺其自然，以平和的心态对待。

2. 保持积极的精神状态

积极的精神状态，主要表现为进取心、希望、理想等，对老年人防止心理衰老、保持心理健康具有重大意义。一个人有了进取心、理想，并充满希望、奋发向上，就能老而不衰、充满活力。

3. 坚持体育锻炼

体育锻炼不仅可以改善和加强老年人的生理功能,增强体质,还可以丰富老年人晚年生活。通过增强积极、主动安排好晚年生活的勇气和兴趣,增强老年人的心理功能。

4. 处理好人际关系

对老年人来说,最重要的人际关系是家庭关系。在家庭生活中,家庭成员应和睦相处,这对延缓认识衰退大有帮助。除此之外,老年人也要多交几个朋友。当出现认知能力衰退问题时,可与一些有相同情况的老友交谈,也可参加一些老年人的活动,使自己融入社会。

5. 学会寻求他人的帮助

正确面对认知能力的衰退最重要的一点就是要认识到自己的衰老,有需要的时候学会寻求他人的帮助。老年人无论是身体还是心理方面出现问题,当自己调节解决不了的时候,要勇于说出自己的困难,积极寻求他人的帮助。

活动场

我们通过回答下面的问题,看看自己的认知能力如何。

说明:下面列出了30道题目(如表2-4所示),每小题回答正确记1分,回答错误则记0分。

表2-4 老年认知功能障碍测试

问 题	正确得分	错误得分
1.今年是哪一年?	1	0
2.现在是什么季节?	1	0
3.现在是几月份?	1	0
4.今天是几号?	1	0
5.今天是星期几?	1	0
6.你现在在哪个省哪个市?	1	0
7.你现在在哪个县(区)?	1	0
8.你现在在哪个乡(镇、街道)?	1	0
9.你现在在第几层楼?	1	0
10.这里是什么地方?	1	0
11.复述:皮球。	1	0
12.复述:国旗。	1	0
13.复述:树木。	1	0
14.100−7=?	1	0
15.100−7−7=?	1	0
16.100−7−7−7=?	1	0
17.100−7−7−7−7=?	1	0
18.100−7−7−7−7−7=?	1	0
19.回忆:皮球。	1	0
20.回忆:国旗。	1	0
21.回忆:树木。	1	0
22.辨认:手表。	1	0
23.辨认:铅笔。	1	0
24.复述:四十四只石狮子。	1	0
25.按纸片上的指令去做"闭上您的眼睛"。	1	0
26.用右手拿这张纸。	1	0
27.再用双手把纸对折。	1	0
28.再将纸放在大腿上。	1	0
29.请说一句完整的句子。	1	0
30.请您按照右图画图。	1	0

计分规则与解释：

最高得分为30分。得分27～30分为正常；得分≤26分为可能存在认知功能障碍；得分21～26分，可能存在轻度认知功能障碍；得分10～20分，可能存在中度认知功能障碍；得分≤9分，可能存在重度认知功能障碍。

注意：上述心理测试仅供参考，得分过高或过低不代表有无心理健康问题，是否有心理健康问题或心理疾病需要到专业机构做诊断。

启思录

难得糊涂

人变老，眼变花，看东西模糊不清，眼前的世界似乎变得令人恍惚了。但看人、看事更清晰。不会再误入歧途，错上它船。

人变老，记忆变差，有些事情转眼就忘了。但难忘以往的琐事，难忘恩惠，难忘情义。只是忘记了名利、得失与成败，看淡了仇怨。

人变老，变糊涂了。其实人的一生，就是明白与糊涂两相伴，难得糊涂。不到一定的年龄，不经历艰辛，不会明白。不到特定的年龄，不经受磨砺，不会糊涂。

糊涂难得。在明白中糊涂，在糊涂中明白，是一种难得的境界。

人生的快乐和幸福，都隐藏在糊涂与明白中。

第3章 老年情绪与心理健康

第7计 了解老年情绪情感的变化

知识窗

情绪情感对身心健康的影响

情绪和情感通常指的是在生活中,我们对客观事物的一些看法和体验。情绪情感反映了我们对客观现实的需要,因为人的各种需求不同,人与人之间在情绪情感上的表现也是不同的。

中医五志七情说认为情绪存在喜、怒、忧、思、悲、恐、惊七种,其强度以"思"为中点,由强到弱再到强,通俗点说,就是七种情感的强弱程度是从紧张到缓和再到紧张。

情绪情感在我们生活中起着重要作用,乐观积极的情绪能够使我们保持良好的身心状态,气血畅通,工作效率提高,有利于身心健康;而长时间消极悲观的情绪使我们自信心受挫,影响人际交往,导致焦虑并影响睡眠,给我们身心健康留下巨大隐患。

一般的情绪变化都属于正常范围,不会导致疾病的发生,当情绪变化超过了生理和心理所能承受的程度时,情绪会成为导致疾病的因素。情绪情感在身心健康方面的影响主要体现在以下几个方面:

(1) 过度高兴或伤心,心气涣散推动血液作用减慢,以致血不养心。

(2) 过度愤怒伤肝,肝气疏泄,头胀头痛,甚至昏厥晕倒。

（3）过度忧虑伤肺，怏怏不乐，倦怠乏力，烦躁呆滞。

（4）过度思虑伤心脾，导致精神不振，反应迟钝，腹胀便溏。

（5）过度悲忧伤肺，意志消沉，精神不振，气喘胸闷，乏力少言。

（6）过度恐惧、惊吓伤肾，面色苍白，惊慌失措，神志错乱，重者二便失禁。

老年人的情绪有哪些特点？

衰老除了带来一系列生理上的变化，往往也带来心理上的巨大改变。老年人的心理健康是一个非常重要的社会问题，下面从情绪情感方面来介绍一下老年人的心理特点。

1. 情感最优化能力

老年人具有很强的情感复原能力，能够客观地分析情景，确保在自己完全理解所处情景的情况下再行动，将积极情感最优化，同时能够抑制消极情绪。

2. 更强的情绪调节能力

更看重交往的情绪调节功能，能够有效地避免不愉快的社会关系，更倾向于保持积极的人际关系。

3. 情绪易波动，易怒和易恐惧

老年人的情绪非常不稳定，对待事情很容易喜怒无常。当老年人受惊或者恐惧感加重时，还可能会伴随着血压升高、心悸等症状。

4. 容易产生孤独、焦虑、抑郁和自卑等负性情绪

老年人由于对新旧角色转变的不适应而产生焦虑，长期的焦虑可能会使老年人变得意识狭窄、急躁，引起神经与内分泌失调，进而导致疾病的发生。抑郁也是老年人常见的一种心理疾病，症状表现为压抑、沮丧、悲观等。

活动场

我们通过回答以下问题来检查一下自己的情绪状态。

这是一个由20个描述不同情感情绪的词组成的量表（如表3-1所示），请阅读每一个词，并根据你近1~2星期的实际情况选择相应的分值。

表3-1 正性负性情绪量表

序号	描述词	分值				
		几乎没有	比较少	中等程度	比较多	极其多
1	感兴趣的	1	2	3	4	5
2	心烦的	1	2	3	4	5
3	精神活力高的	1	2	3	4	5
4	心神不宁的	1	2	3	4	5
5	劲头足的	1	2	3	4	5
6	内疚的	1	2	3	4	5
7	恐惧的	1	2	3	4	5
8	敌意的	1	2	3	4	5
9	热情的	1	2	3	4	5
10	自豪的	1	2	3	4	5
11	易怒的	1	2	3	4	5
12	警觉性高的	1	2	3	4	5
13	害羞的	1	2	3	4	5
14	备受鼓舞的	1	2	3	4	5
15	紧张的	1	2	3	4	5
16	意志坚定的	1	2	3	4	5
17	注意力集中的	1	2	3	4	5
18	坐立不安的	1	2	3	4	5
19	有活力的	1	2	3	4	5
20	害怕的	1	2	3	4	5

计分规则与解释：

正性情绪：第1、第3、第5、第9、第10、第12、第14、第16、第17、第19题，得分越高，情绪越积极。

负性情绪：第2、第4、第6、第7、第8、第11、第13、第15、第18、第20题，得分越高，情绪越消极。

注意：上述心理测试仅供参考，得分过高或过低不代表有无心理健康问题，是否有心理健康问题或心理疾病需要到专业机构做诊断。

启思录

故事三则

故事一　张子和治疗卫德新之妻

宋元之际,卫德新的妻子突闻旅店外抢劫、烧房的声音,吓得躲在床底下战栗不已。从那以后,只要听到声响,就惊倒不省人事。于是家人平时连走路都蹑手蹑脚,一点声音也不敢出。大夫张子和在她面前放了一张茶几,突然用木块猛击茶几发出声音,患者大惊。张子和说道:"我用木头敲打茶几,你害怕什么呀?"过了一会儿,张子和又时不时地击打茶几,又用手杖时不时地敲打门窗,她渐渐不觉得害怕反而觉得好笑。之后她再也没有出现过闻声即惊的现象。

故事二　徐迪喜笑治怒

一个女子因怒气而病不能翻身,徐迪治疗时并没有对她下处方用药,而是用花把自己打扮成女人的样子,用滑稽夸张的动作引患者发笑。怒为否定情绪,喜为肯定情绪,以喜治怒,患者大笑而愈。

故事三　怒喜交替巧疗相思

一女子因思念外出的未婚夫,郁思伤脾而病,大夫运用以怒胜思的情志相胜疗法,先逆其意,激之盛怒,以解其思;然后又顺其心,谎称其未婚夫捎信说要回来,女子于是非常高兴,气不再结,思念之病遂得缓解。

第8计　知道老年人常见的不良情绪

知识窗

什么样的情绪算是不良情绪？

不良情绪是指一个人对客观刺激进行反映之后所产生的过度体验，具有冲动性、迁移性、不稳定性的特点。焦虑、紧张、愤怒、沮丧、悲伤、痛苦、难过、不快、忧郁等情绪均属于不良情绪。

不良情绪主要体现在两个方面：一个是不良情绪持续的时间长，可能是在引起怒、忧、悲、恐、惊等消极情绪之后，持续数日沉浸在这种状态中，不能自拔；二是不良的情绪体验过分强烈，超越了一定的限度，比如过喜、过悲等。持久性的消极情绪体验和过分的情绪体验都存在一定的危害。

不良情绪有哪些危害？

世界卫生组织将健康定义为"不仅是身体没有病，还要有完整的心理状态和社会的适应能力"。一个人的健康不仅仅指生理上的健康，也包括良好的心理状态以及一定的社会适应能力，身体上的健康是最基本的条件，但是心理健康状态又会在身体上反映出来。

以下是几大类不良情绪容易导致的问题（如表3-2所示），内容仅供参考，如有需要请咨询专业人士或者前往医疗机构就医。

表 3-2　不良情绪容易导致的疾病类型与具体分类表现

疾病类型	具体分类表现
精神疾病	1. 抑郁症，主要表现：情绪低落，对前途悲观失望，无助感比较强烈，精神疲惫，自我评价降低，躯体症状复杂多样，比如面容憔悴苍老、目光迟钝、不爱吃饭、体质下降、汗液和唾液分泌减少、便秘等； 2. 其他精神问题，包括自闭症、精神分裂症等
免疫系统疾病	免疫系统疾病的病因复杂，与遗传和环境都有关系，心理和情绪对于此类疾病的治疗效果影响很大，这些疾病包括类风湿性关节炎、干燥综合征、系统性红斑狼疮、强直性脊柱炎等
心血管疾病	1. 高血压，心理紧张、持续性心理刺激、争强好胜、爱着急等都可能导致血压升高； 2. 冠心病，紧张、恐惧、焦虑等可以导致外周血管和冠状动脉收缩，从而导致心肌缺血、心律失常等
消化系统疾病	1. 消化性溃疡，紧张、焦虑、痛苦、愤怒等不良情绪反应或者有罪恶感的时候，胃液分泌过多，酸度会增加，导致消化性溃疡； 2. 其他消化系统疾病，比如胃炎、神经性呕吐、溃疡性结肠炎等
神经系统疾病	1. 偏头痛，紧张、焦虑、疲乏等均可能诱发偏头痛，偏头痛也受性格与环境压力的影响； 2. 其他常见的神经系统疾病，比如说，肌紧张性偏头痛、自主神经失调症、心因性知觉异常、慢性疲劳偏头痛等
呼吸系统疾病	单纯的心理因素导致的呼吸系统疾病比较少见，但是可以诱发或者加重呼吸系统疾病，比如气管哮喘、过度换气综合征、心因性呼吸困难、神经性咳嗽等
妇科疾病	女性更感性化，更容易情绪化，所以因情绪导致的疾病也更加常见，在妇科疾病方面更是如此

活动场

有研究表明，通过运动，大脑中会分泌一种可以影响心理和行为的肽类，其中一种叫作"内啡肽"的物质，又被称为"快乐素"，它作用于人体，能使人产生愉悦的体验。换句话说,当我们产生不良情绪的时候,选择正确的运动方式可以缓解我们的不良情绪,但是切记剧烈运动不但不会缓解我们的不良情绪,还会加剧我们的情绪波动。

1. 练拳击可以缓解愤怒

拳击属于高强度有氧运动,出拳击沙包等动作能令紧张、愤怒等情绪一扫而空,扑灭内心的怒火。但伴有负面情绪时,进行剧烈运动很容易受伤,所以运动过程中一定要注意身体发出的不适信号。

2. 练瑜伽释放压力

当感到压力大、焦虑时,瑜伽可以促进压力释放、提高睡眠质量。如果再加上冥想和深呼吸,效果会更好。

3. 跑步缓解抑郁悲观

跑步能提高大脑功能、保护心脏、促进深度睡眠。在心情抑郁悲观时跑步,会促使内啡肽和肾上腺素大量释放,让人快乐起来。

4. 休闲骑行畅身心

骑车时可以看看周边的景色,微风迎面吹来,顿时让人心旷神怡,同时释放能量和活力。

启示录

名人名言四则

有些人是用来成长的,有些人是用来刻骨铭心的,有些人是用来怀念的,有些人是用来忘记的。对于光阴中的种种,要退却、忍让、自持、慈悲。懂得小喜可观,才会与时间作战时反败为胜,那些属于你的幸福、饱满的气息会不请自来。

——**雪小禅**(当代女作家)

每个人都有属于自己的一片森林,也许我们从来不曾走过,但它一直在那里,总会在那里。迷失的人迷失了,相逢的人会再相逢。

——**村上春树**(日本当代作家)

一般人处世的一条道理,那便是:可以无须让的时候,则无妨谦让一番,于人无利,于己无损;在该让的时候,则不谦让,以免损己;在应该不让的时候,则必定谦让,于己有利,于人无损。

——**梁实秋**(现当代著名文学家)

人不都是这样吗?安慰别人的时候头头是道,自己遇上点过不去的坎儿立马无法自拔。道理都懂,只是情绪作祟,故事太撩人。

——**木心**(当代作家、画家)

第9计　掌握老年人情绪自我管理方法

知识窗

老年人管理情绪的方法

情绪是人和环境交互作用的产物,其中人格对情绪的产生起到了重要的作用。许多心理学家认为,正确识别自己的情绪,给它们打上准确的标记是情绪管理的开始。当情绪发生的时候,你需要知道自己经历了什么,才能把握好自己可能出现的生理和行为反应,也才能有的放矢地去应对每一种具体的情绪。以下是几种管理不良情绪的方法,大家可以参考一下,以便于合理管理自己的情绪,达到更好的生活状态。

1. **调整不合理认知**

因为每个人的生活经历、学识程度、成长环境等因素都不可能完全相同,所以每个人对事物的看法和认识很难完全相同。不良情绪的出现可能是因为我们存在一些以偏概全或者绝对化的非理性信念,例如常把"应该""必须"和"要求"等词语挂在嘴边,再加上一些不理性的推测,不良情绪就产生了。

我们看待问题要注意正反两面性,要有意识地运用正向、积极的心理去看待问题,力争端正自身的认知态度,多方面、灵活地去看待问题,进行客观的分析和评价,避免产生负性情绪。如果我们产生了负性情绪,应该积极地评价当时的情况,分析主客观原因,并理性、冷静地评价和处理。

2. **悦纳自己,接纳不完美**

当了解认识自我之后,包括自己的外貌、体型、性格特点、个人优势和劣势以及自己具备的技能,能够感受到自己是一个独一无二的个体,并且与众不同,学会欣赏和发挥自己的优点长处。认清理想和现实的差距,不要将不切实际的幻想当作现实,徒增烦恼;不要将自己的缺点放大,自怨自艾。要学会欣赏自己、悦纳自己,才能激发自己的潜能,获得认同感和满足感。

3. 转移注意，合理宣泄

学会运用注意力转移，将自己从引起不良情绪的情景中转移出来，找到合理的宣泄方式，比如运动、听音乐、找朋友亲人倾诉等。以下有几种对不良情绪的宣泄方式，仅供参考。要合理宣泄，把握适度原则，不要失去理智。

（1）运动缓解

运动有利于强身健体、释放心理压力，帮助我们生理和心理的个体修复。我们可以试着选择自己喜欢的一种或者几种体育运动来合理地释放压力、宣泄情绪，运动还可以锻炼我们的灵活性和意志力，增强自信心，提高个人魅力。

（2）哭泣减压

哭泣可以减轻压力、释放不良情绪，可以把负性情绪所产生的有害物质排出体外，减少对身体的危害。

（3）倾诉

可以向亲人、朋友以及社区服务中心的心理辅导人员倾诉，说出自己的感受，不要将不良情绪和心事埋在心里，尽量表达出来，倾诉之后，会使人轻松，并且还能得到别人的帮助，以及一些建设性的建议。

（4）听音乐

音乐是表达情绪的方式，反过来也能影响人的情绪。美妙轻松的音乐可以帮助人们缓解心理压力，放松心情，使人心境平静，给人带来美好的心理感受。因此，音乐可以比较好地调节人的情绪。

4. 自我安慰，自我激励

当我们的需求欲望无法得到满足的时候会产生一些不良情绪，要学会自我安慰，正视不良情绪，通过自我排解、自我安慰等方式放下烦恼，看得开些。另外，全面、正确地评估和看待自己的能力和水平，不断进行自我激励，克服不良情绪，使自己具有前进和改变的动力，保持乐观奋发向上的心态。

活动场

以下是一份情绪调节问卷，一共由10个项目组成，每个题目有7个选项，1代表非常不赞同，"4"代表中立，"7"代表非常赞同，其他选项代表介于这几种立场之间的观点，没有对错之分。让我们来测试一下我们的情绪调节能力吧。

（1）当我想感受一些积极的情绪（如快乐和高兴）时，我会改变自己的思考问题的角度。

非常不赞同 ○1 ○2 ○3 ○4 ○5 ○6 ○7 非常赞同

（2）我不会表露自己的情绪。

非常不赞同 ○1 ○2 ○3 ○4 ○5 ○6 ○7 非常赞同

（3）当我想少感受一些消极的情绪（如悲伤或者愤怒）时，我会改变自己思考问题的角度。

非常不赞同 ○1 ○2 ○3 ○4 ○5 ○6 ○7 非常赞同

（4）当感受到积极情绪时，我会很小心地不让自己表露出来。

非常不赞同 ○1 ○2 ○3 ○4 ○5 ○6 ○7 非常赞同

（5）在面对压力情境时，我会以一种有助于保持平静的方式来考虑它。

非常不赞同 ○1 ○2 ○3 ○4 ○5 ○6 ○7 非常赞同

（6）我控制自己情绪的方式是不表达它们。

非常不赞同 ○1 ○2 ○3 ○4 ○5 ○6 ○7 非常赞同

（7）当我想多感受一些积极的情绪时，我会改变自己对情境的考虑方式。

非常不赞同 ○1 ○2 ○3 ○4 ○5 ○6 ○7 非常赞同

（8）我会通过改变对情境的考虑方式来控制自己的情绪。

非常不赞同 ○1 ○2 ○3 ○4 ○5 ○6 ○7 非常赞同

（9）当感受到消极的情绪时，我确定不会表露它们。

非常不赞同 ○1 ○2 ○3 ○4 ○5 ○6 ○7 非常赞同

（10）当我想少感受一些消极的情绪时，我会改变自己对情境的考虑方式。

非常不赞同 ○1 ○2 ○3 ○4 ○5 ○6 ○7 非常赞同

计分规则与解释：

该问卷第1、第3、第5、第7、第8、第10题代表认知重评维度，第2、第4、第6、第9题代表表达抑制。总得分越高代表情绪调节策略的使用频率越高。

启思录

诗词文八则

尊前不用翠眉颦。人生如逆旅,我亦是行人。

——苏轼《临江仙·送钱穆父》

夫天地者,万物之逆旅也;光阴者,百代之过客也。而浮生若梦,为欢几何?

——李白《春夜宴从弟桃花园序》

弃我去者,昨日之日不可留;乱我心者,今日之日多烦忧。长风万里送秋雁,对此可以酣高楼。蓬莱文章建安骨,中间小谢又清发。俱怀逸兴壮思飞,欲上青天揽明月。抽刀断水水更流,举杯销愁愁更愁。人生在世不称意,明朝散发弄扁舟。

——李白《宣州谢朓楼饯别校书叔云》

欲上高楼去避愁,愁还随我上高楼。经行几处江山改,多少亲朋尽白头。

归去休,去归休。不成人总要封侯?浮云出处元无定,得似浮云也自由。

——辛弃疾《鹧鸪天·欲上高楼去避愁》

遇合。事难托。莫击磬门前,荷蒉人过。仰天大笑冠簪落。待说与穷达,不须疑着。古来贤者,进亦乐,退亦乐。

——辛弃疾《兰陵王·赋一丘一壑》

得即高歌失即休,多愁多恨亦悠悠。今朝有酒今朝醉,明日愁来明日愁。

——罗隐《自遣》

渺渺钟声出远方,依依林影万鸦藏。一生负气成今日,四海无人对夕阳。破碎山河迎胜利,残余岁月送凄凉。松门松菊何年梦,且认他乡作故乡。

——陈寅恪《忆故居》

持而盈之,不如其已。揣而锐之,不可长保。金玉满堂,莫之能守。富贵而骄,自遗其咎。功遂身退,天之道也。

——老子《道德经》

第10计　掌握老年人摆脱孤独感和失落感的方法

知识窗

孤独感与失落感是怎样产生的？

老年人的孤独感主要表现是愿意一人独处，不愿意与别人来往和沟通，心灵孤独、寂寞，感到前途渺茫、无助，甚至厌世轻生。失落感的表现是对生活缺少自信和兴趣，情绪郁闷，不愿意和人交往等。孤独感与失落感在老年人群体中比较常见，一项调查发现，60~70岁的人中有孤独感的占30%左右，80岁以上的人有孤独感的占60%左右。

导致老年人孤独感与失落感的原因可能有以下几个方面：① 离退休后远离社会生活，社会角色发生变化，心理上难以适应；② 子女成年独立后，原本热闹的家庭变得冷清，使老年人心理上产生失落感；③ 社会经济、科技、文化等各方面迅速发展，使老年人感到自己落后于社会发展，陷入被动，从而使老年人产生失落感；④ 体弱多病、行动不便与经济问题，使老年人降低了与亲朋来往的频率，生活空间和人际交往面不断缩小。

怎样摆脱孤独感与失落感？

许多孤独者不愿意进行社交，认为和人打交道是一件痛苦又麻烦的事。孤独者由于接触的社交情境较少，缺乏机会去学习和练习社交技能，导致社交技能较低下。以下是几种可以帮助我们轻松建立与他人的联系的方法。

1. "轻松法"四步骤

（1）主动出击，需要孤独者先走出去，然后对周围的人释放善意的信号。一开始不要抱有太强的目的性，并不是每一次向他人发出邀请都能收获他人的热情回应，即使得到别人善意的回应，也不要过分急切地认为自己找到了人生的知己。

（2）制订行动计划，学会如何在适当的情况下投入自己的精力，合理规划社交生活，为自己在社交之余留出生活空间。

（3）筛选关系，辨别哪些社会联系有建立深度联系的潜力，而哪些联系可能会让自己失望。

（4）期望最好的情况，有些孤独者在遭遇挫折之后会退回到一个人的舒适区，从长期来看可能会错过彼此关系加深的机会。因此，越是不顺利的时候，越是要积极地看待与他人之间的关系。

2. 善于利用社交网络

社交网络用得好能在很大程度上缓解人们的孤独感和抑郁心境，前提是我们需要把网络当成一个建立联系的平台，真实地表达自己，真诚且善意地与他人交往。

3. 追求兴趣爱好，实现自我价值

老年人最大的痛苦之处是不能通过工作来实现其社会价值。可以参加一些社区的活动，比如野外散步、交际舞活动，或加入一些老年社团，如老年棋社、老年美术协会等。

活动场

以下是一份测试孤独感的问卷，测量因"对社会交往的渴望与实际水平的差距"而产生的孤独感。每个人一生中都或多或少地体验到孤独感，有孤独感并不可怕，但是如果这种心理得不到恰当的疏导或排解而发展成习惯，会给我们的身心带来潜在危害。

下面有20道题目，请仔细阅读，弄明白意思之后，根据每天的实际感觉，在四种情况中选择一种。

（1）你常感到与周围人的关系和谐吗？

A. 从不（4分） B. 很少（3分） C. 有时（2分） D. 一直（1分）

（2）你常感到缺少伙伴吗？

A. 从不（1分） B. 很少（2分） C. 有时（3分） D. 一直（4分）

（3）你常感到没人可以信赖吗？

A. 从不（1分） B. 很少（2分） C. 有时（3分） D. 一直（4分）

(4) 你常感到寂寞吗？

A.从不(1分) B.很少(2分) C.有时(3分) D.一直(4分)

(5) 你常感到属于朋友中的一员吗？

A.从不(4分) B.很少(3分) C.有时(2分) D.一直(1分)

(6) 你常感到与周围的人有许多共同点吗？

A.从不(4分) B.很少(3分) C.有时(2分) D.一直(1分)

(7) 你常感到与任何人都不亲密了吗？

A.从不(1分) B.很少(2分) C.有时(3分) D.一直(4分)

(8) 你常感到你的兴趣和想法与周围的人不一样吗？

A.从不(1分) B.很少(2分) C.有时(3分) D.一直(4分)

(9) 你常感到想要与人来往、结交朋友吗？

A.从不(4分) B.很少(3分) C.有时(2分) D.一直(1分)

(10) 你常感到与人亲近吗？

A.从不(4分) B.很少(3分) C.有时(2分) D.一直(1分)

(11) 你常感到被人冷落吗？

A.从不(1分) B.很少(2分) C.有时(3分) D.一直(4分)

(12) 你常感到与别人来往毫无意义吗？

A.从不(1分) B.很少(2分) C.有时(3分) D.一直(4分)

(13) 你常感到没有人很了解你吗？

A.从不(1分) B.很少(2分) C.有时(3分) D.一直(4分)

(14) 你常感到与别人隔离开了吗？

A.从不(1分) B.很少(2分) C.有时(3分) D.一直(4分)

(15) 你常感到如果你愿意就能找到伙伴吗？

A.从不(4分) B.很少(3分) C.有时(2分) D.一直(1分)

(16) 你常感到有人真正了解你吗？

A.从不(4分) B.很少(3分) C.有时(2分) D.一直(1分)

(17) 你常感到羞怯吗？

A.从不(1分) B.很少(2分) C.有时(3分) D.一直(4分)

(18) 你常感到有人围着你但是并不关心你吗？

A.从不(1分) B.很少(2分) C.有时(3分) D.一直(4分)

(19) 你常感到有人愿意与你交谈吗？

A.从不(4分) B.很少(3分) C.有时(2分) D.一直(1分)

(20) 你常感到有人值得你信赖吗？

A.从不(4分) B.很少(3分) C.有时(2分) D.一直(1分)

计分规则与解释：

把所有题目的分数加起来，所得结果可参考如下：

总分为45分以上：高度孤独。

总分为40～44分：一般偏上状况的孤独。

总分为33～39分：中间程度的孤独。

总分为29～32分：一般偏下状况的孤独。

总分为28分以下：不太孤独。

启思录

《人生的智慧》节选

叔本华

人们在这个世界上要么选择独处，要么选择庸俗，除此以外再没有更多别的选择了。

独处而不是孤独，一个人喜欢独处并不是孤独的。

人的内在空虚就是无聊的真正根源，它无时无刻不在寻求外在刺激，试图借助某事某物使他们的精神和情绪活动起来。他们做出的选择真可谓饥不择食，要找到这方面的证明只须看一看他们紧抓不放的贫乏、单调的消遣，还有同一样性质的社交谈话，以及许许多多的靠门站着的和从窗口往外张望的人。正是由于内在的空虚，他们才追求五花八门的社交、娱乐和奢侈；而这些东西把许多人引入穷奢极欲，然后以痛苦告终。

使我们免于这种痛苦的手段莫过于拥有丰富的内在——丰富的精神。

因为人的精神思想财富越优越和显著，那么留给无聊的空间就越小。这些人头脑里面的思想活泼奔涌不息，不断更新；他们玩味和摸索着内在世界和外部世界的多种现象；还有把这些思想进行各种组合的冲动和能力——所有这些，除了精神松弛下来的个别时候，都使卓越的头脑免受无聊的袭击。

但是，突出的智力是以敏锐的感觉为直接前提，以强烈的意欲，即强烈的冲动和激情为根基。这些素质结合在一起提高了情感的强烈程度，造成了对精神，甚至肉体痛苦的极度敏感。

一个精神富有的人会首先寻求没有痛苦、没有烦恼的状态，追求宁静和闲暇，即争取得到一种安静、简朴和尽量不受骚扰的生活。因此，一旦对所谓的人有所了解，他就会选择避世隐居的生活；如果他具备深邃、远大的思想，他甚至会选择独处。

因为一个人自身拥有越丰富，他对身外之物的需求也就越少，别人对他来说就越不重要。

所以，一个人具备了卓越的精神思想就会造成他不喜与人交往。的确，如果社会交往的数量能够代替质量，那么，生活在一个熙熙攘攘的世界也就颇为值得的了。但遗憾的是，一百个傻瓜聚在一起，也仍然产生不了一个聪明的人。相比之下，处于痛苦的另一极端的人，一旦匮乏和需求对他的控制稍微放松，给他以喘息的机会，他就会不惜代价地寻找消遣和人群，轻易地将就一切麻烦。他这样做的目的不为别的，只是为了逃避他自己。因为在独处的时候，每个人都只能反求于自身，这个人的自身拥有就会暴露无遗。

因此，一个愚人背负着自己可怜的自身——这一无法摆脱的负担——而叹息呻吟，而一个有着优越精神禀赋的人却以其思想使所处的死气沉沉的环境变得活泼和富有生气。因此，塞尼加所说的话是千真万确的："愚蠢的人受着厌倦的折磨。"因此，我们可以发现：大致而言，一个人对与人交往的爱好程度，跟他的智力的平庸及思想的贫乏成正比。

闲暇是人生的精华，除此之外，人的整个一生就只是辛苦和劳作而已。但闲暇给大多数人带来了什么呢？如果不是声色享受和胡闹，就是无聊和浑噩。人们消磨闲暇的方式就显示出闲暇对于他们来说是何等地没有价值。

在各国，玩纸牌成了社交、聚会的主要娱乐。它反映了这种社交聚会的价值，也宣告了思想的破产。因为人们彼此之间没有可以交换的思想，所以，他们就交换纸牌，并试图赢取对方的金钱。

闲暇就是每一个人的生命存在开出的花朵，或者毋宁说是果实。也只有闲暇使人得以把握、支配自身，而那些自身具备某些价值的人才可以称得上是幸福的。

第11计 掌握老年人消除恐惧心理的方法

知识窗

老年人都在恐惧些什么？

恐惧是人或动物面对现实中或想象中的危险、自己厌恶的事物等产生的处于惊慌紧急的状态，伴随恐惧而来的是心率改变、血压升高、盗汗、颤抖等生理上的应激反应，有时甚至发生心脏骤停、休克等更强烈的生理反应。老年人的恐惧可能主要来源于疾病或者对衰老的恐惧，还包括对社交的恐惧或者对经济的压力以及未知的恐惧。

怎样摆脱恐惧心理？

（1）可以试着改变歪曲的认知，重建自己的认知。具体做法就是改变自己的歪曲认知，继而改变自己的情绪和行为。试着检验自己是否存在歪曲认知，用一种新的方式和自己开展内部对话。

（2）正念放松训练。"正念"是心理学名词，是一种自我调节的方法，强调的是有意识地觉察，将注意力集中于当下，以及对当下的一切观念都不作评判。学习专注于此时此刻的能力，意味着全然感受生命，对每一种体验都充满好奇心和勇气。正念意味着任何时候都要保持淡定，只有接受了，我们才能做出冷静明智的判断，而不是批判、分辩和意气用事。

（3）音乐放松。静听音乐可以让听者暂时放弃对自己意志和思想的控制，从而达到类似自由联想放松的状态。对于受到重大打击的人来说，如果任其自由联想，可能会让其过分暴露在恐惧情感和由此带来的想象中，产生二次创伤。

（4）向朋友亲人倾诉导致恐惧产生的事情经过。找好朋友谈谈心，当有一个人能够让我们敞开心扉,谈论自己的故事时,烦乱的思绪慢慢被理清,似乎讲述自己的故事本身就具有治愈作用。

(5)心理疏导运动。中度的有氧运动可以促进分泌内啡肽、多巴胺等物质,让抑郁焦虑的情绪得到一定的缓解,如果程度较重的话,单纯运动治疗的效果就比较有限了。

(6)寻求专业心理咨询师的帮助。在问题严重到不能自行解决或者寻求周围人帮助也解决不了时,我们需要寻求相关专业人士的帮助,以便更好更快地摆脱心理困境。

活动场

正念放松训练:可以尝试用舒适轻松的方式,站着、坐着均可,进行正念呼吸,寻找某一物体作为参考物,凝视前方、闭眼均可,将自己的思绪带入躯体中去感受,若感到身体无法完全放松,便试着去放松局部肌肉;将察觉转移到呼吸,用心体会每一次呼气和吸气,空气进入鼻孔再到全身,关注吸气时腹部膨胀、呼气时腹部瘪下去的全部过程,最后将思维从呼吸上移走。

音乐渐进放松训练:我们可以选择自己熟悉和喜欢的乐曲,自然放松地坐着,让自己的身体有足够的支撑,脊柱挺直,肩部放松,两臂自然下垂,闭上眼睛开始深呼吸,请把注意力集中在身体部位与椅子的交接处,同时想象把自己的重量都交给椅子,身体变得越来越放松,想象自己正坐在一片柔软的草地上,头上是蓝天白云,温和的阳光暖暖地照在脸上,越来越放松,暖暖的阳光照在肩膀上,这种微微发热的阳光使呼吸和身体越来越放松。

启思录

美丽心情

词:姚 谦

人这一生会遇见很多人,也许某些人、某些事一度占据了很重要的位置,然而不经意间,有些人、有些事会随时光溜走,成为一段记忆。《美丽心情》是一首劝慰那些在爱情中受伤人的歌,可能它更想表达:不沉溺于过去,不执着于失去,珍惜身边的人,或是亲密爱人,或是知己好友,携手前行,永葆美丽心情。

> 多雨的冬季总算过去
> 天空微露淡蓝的晴
> 我在早晨清新的阳光里
> 看着当时写的日记
> 原来爱曾给我美丽心情
> 像一面深邃的风景
> 那深爱过他却受伤的心
> 丰富了人生的记忆
> 只有曾天真给过的心
> 才了解等待中的甜蜜
> 也只有被辜负而长夜流过泪的心
> 才能明白这也是种运气
> 让他永远
> 记得曾经有一个人
> 给过完完整整的爱情
> 那曾经爱着他的心情
> 有一股傻傻的勇气
> 那深爱过他却受伤的心
> 丰富了人生的记忆
> 当我安安心心地走在明天里
> 永不后悔美丽的心情

第4章　老年人际关系与心理健康

第12计　正确认识和对待"人走茶凉"

知识窗

正确认识"人走茶凉"

人们常说:"人过五十就进入了多事之秋。"这里的"多事之秋"就是指身体会发生变化。正如《素问·上古天真论》里提到的:男子"七八肝气衰,筋不能动",女子"七七任脉虚,太冲脉衰少",即无论男女,到了50岁之后,都会真气衰竭,身体机能退化。故从这个时期开始,一定要特别注意保养自己,为日后进入老年打下基础。

此时谋求健康,在修身之外离不开修心。既然工作这个舞台不再属于自己,就要自觉地在心理上转换角色。让自己保持一个良好的心态,从而实现人与自身的和谐。

坦然面对"人走茶凉"

很多面临退休、即将进入老年阶段的人不开心,甚至很抑郁,好好的一个人就说不想活了。是缺吃少穿吗?流落街头吗?没有。相反,他们的生活条件还相当不错。这就是心理问题所造成的后果。

淡化情感变化,是老年人必须解决好的问题。如何去淡化?要有"人走茶凉"的心理认知,坦然接受它。俗话说"人在人情在",人已经离开了,还有必要让你的茶杯总是热的吗？因为你喝茶的地方已经转移了。也许很多人不会接受这种说法，但不管赞成与否，"人走茶凉"既成事实，又何必去伤感，这岂不是自作多情吗？

再说了，茶凉与否真有那么重要吗？人不能停留在对往事的留恋回忆中生活，久而久之，怀旧就会成为思想的痼疾。从这个意义上讲，要有"喜新厌旧"的思维转变，过去的事情不再想，要想怎样开始新生活。生活还在继续，日子还要过好。

放弃了"旧"的，你就会拥有"新"的，新的生活方式、新的希望憧憬、新的朋友、新的情感世界。"喜新厌旧"说难也难，说容易也容易，关键是要有从头再来的勇气。这不仅仅是一种勇气，更是一种面对人生的正确态度，一种积极应对人生各种挑战的精神。只有这样才能够满怀信心地走过人生不同的阶段，从容面对情感变化，少一点伤感，多一点乐观，少一点无奈，多一点坦然。

活动场

通过回答以下问题，来检视一下自己是否能够正确认识和坦然面对"人走茶凉"的现状。请认真阅读每一个问题，给出最贴近内心的真实答案。

（1）当自己已经到了退休的年龄第一反应是高兴还是失落？
（2）你认为"人走茶凉"是正常的现象还是世态炎凉的现实？
（3）你还可以赋予"人走茶凉"怎样的解释？
（4）昔日的同事没有经常联系自己时，你的心情如何？
（5）你是否主动联系曾经的工作同事或好友？
（6）退休后，你做了日常生活的规划吗？
（7）你愿意把自己退休的生活安排得充实还是闲适？
（8）退休后你还愿意多出去活动，结交其他新的朋友吗？
（9）你愿意通过参加哪些活动结交新朋友？
（10）你会做一个退休后日常活动行程表吗？

注意：当你做出日常活动计划时，请坚持实行你的计划，并结合自己的实际感受体会计划给你的人际关系带来的变化。

启思录

幽默小故事

一个盲人到亲戚家做客,天黑后,他的亲戚好心为他点了个灯笼,说:"天晚了,路黑,你打个灯笼回家吧!"

盲人火冒三丈地说:"你明明知道我是瞎子,还给我打个灯笼照路,不是嘲笑我吗?"

他的亲戚说:"你犯了局限思考的错误了。你在路上走,许多人也在路上走,你打着灯笼,别人可以看到你,就不会把你撞倒了。"

盲人一想,对呀!

感悟:人到老年,要学会从大局思考问题,学会换位思考,这样不仅能理解他人的想法,自己也会少一些烦恼。"人走茶凉"并不是世态炎凉,而是一种个人角色转换的正常现象。

第13计　加强老年人社会人际交往

知识窗

老年人经历的重要心理阶段是什么？

根据著名心理学家艾里克森的八阶段理论，老年阶段的心理危机是整合与失望。老年阶段需要解决的主要问题是情感的整合，情感整合的关键是人际关系的质量。因此，良好的人际关系对老年人心理危机的解决起到重要的支持作用。

老年人人际交往的重要性

人在进入老年以后，生理状况逐渐变得糟糕起来，体内的各种器官陆续出现这样或那样的问题。当然，适当的体育锻炼，是能够延缓身体衰老的。但总的来说，一方面，人的生理状况向衰老的方向发展是必然规律，人是无法抗拒的；另一方面，人在退出职业岗位后，随着生活环境的变化和人际关系的细微改变，人的心理渐渐产生了落差，各种心理问题也逐一萌芽。此时，如不及时进行心理调整，平衡心态，就会影响心理健康，从而引发身心疾病，不仅不能延缓身体的衰老，反而会加速衰老，甚至导致一系列身体问题的出现。

在人际沟通过程中，各种信息被发出或接收，机体受到持续的社会性刺激，产生正常的新陈代谢和心理反应。在人际沟通过程中建立起来的良好人际关系，能够起到相互之间的心理相容、互相吸引、互相依恋的作用，它促使老年人排解孤独与寂寞，让老年人享受人际交往带来的幸福与欢乐，增添生活的乐趣。相反，如果缺乏人际沟通，人的机体就得不到足够的社会性刺激，人体正常的新陈代谢和心理反应就会受到影响，孤独、空虚、抑郁等不良情绪也就得不到有效排解，人的心理平衡不了，就会引发生理机能的紊乱，产生身心疾病。严重时，老年人有可能出现阿尔茨海默病、抑郁症等严重的老年性疾病。

活动场

人际关系自我评定量表

请你仔细阅读下列16个问题。每一个问题后面,各有A,B,C三种答案,请你按照自己的真实情况选择其中之一。

(1) 在人际关系中,我的信条是:

A. 大多数人是友善的,可与之为友的。(3分)

B. 人群中有一半是狡诈的,一半是善良的,我将选择善良的人做朋友。(2分)

C. 大多数人是狡诈虚伪的,不可与之为友的。(1分)

(2) 最近我新交一批朋友,这是因为:

A. 我需要他们。(1分)

B. 他们喜欢我。(2分)

C. 我发现他们有意思,令人感兴趣。(3分)

(3) 外出旅游时,我:

A. 很容易交上新朋友。(3分)

B. 喜欢一个人独处。(1分)

C. 想交朋友,但又感到困难。(2分)

(4) 我已经约定要去看望一位朋友,但因为太累而失约了。在这种情况下,我感到:

A. 这是无所谓的,对方肯定会谅解我的。(1分)

B. 有些不安,但又总是在自我安慰。(2分)

C. 很想了解对方是否对自己有不满的情绪。(3分)

(5) 我结交朋友的时间通常是:

A. 数年之久。(3分)

B. 不一定,合得来的朋友能长久相处。(2分)

C. 时间不长,经常更换。(1分)

(6) 一位朋友告诉我一件极有趣的个人私事,我会:

A. 尽量为其保密,不对任何人讲。(2分)

B. 根本没考虑过要继续扩大宣传此事。(3分)

C. 朋友刚一离去,就随即与他人议论此事。(1分)

(7) 当我遇到困难时,我:

A. 通常是靠朋友解决的。(3分)

B. 要找自己信赖的朋友商量办。(2分)

C. 不到万不得已时,绝不求人。(1分)

(8) 当朋友遇到困难时,我觉得:

A. 他们都喜欢来找我帮忙。(3分)

B. 只有那些与我关系密切的朋友才来找我商量。(2分)

C. 一般都不愿意来麻烦我。(1分)

(9) 我交朋友的一般途径是:

A. 经过熟人的介绍。(2分)

B. 在各种社交场合。(3分)

C. 必须经过相当长的时间,并且还相当困难。(1分)

(10) 我认为选择朋友最重要的品质是:

A. 具有吸引我的才华。(3分)

B. 可以信赖。(2分)

C. 对方对我感兴趣。(1分)

(11) 我给人们的印象是:

A. 经常会引人发笑。(1分)

B. 经常启发人们与思考问题。(2分)

C. 和我相处时别人会感到舒服。(3分)

(12) 在晚会上,如果有人提议让我表演或唱歌时,我会:

A. 婉言谢绝。(2分)

B. 欣然接受。(3分)

C. 直截了当地拒绝。(1分)

(13) 对于朋友的优缺点,我喜欢:

A. 诚心诚意地当面赞扬他的优点。(3分)

B. 会诚实地对他提出批评意见。(1分)

C. 既不奉承,也不批评。(2分)

(14) 我所结交的朋友:

A. 只能是那些与我的利益密切相关的人。(1分)

B. 通常能和任何人和谐相处。(3分)

C. 有时能与自己相投的人和睦相处。(2分)

(15) 如果朋友和我开玩笑(恶作剧),我总是:

A. 和大家一起笑。(3分)

B. 很生气并会表现出来。(1分)

C. 有时高兴,有时生气,依自己当时的情绪和情况而定。(2分)

(16) 当别人依赖我的时候,我是这样想的:

A. 我不在乎,但我自己却喜欢独立于朋友之中。(2分)

B. 这很好,我喜欢别人依赖于我。(3分)

C. 要小心点!我愿意对一些事物保持冷静、清醒的态度。(1分)

计分规则与解释:

根据你所选定的答案,将16道题的得分累加起来。如果你的总分在38~48分,说明你的人际关系是很融洽的,在广泛的交往中你是很受大家欢迎的。如果你的总分在28~37分,说明你的人际关系并不稳定,有相当数量的人不喜欢你,如果你想得到别人的欢迎,还需很大的努力。如果你的总分在16~27分,说明你的人际关系是不融洽的,你的交往圈子确实太小了,很有必要扩大你的交往范围。

启思录

小故事一则

有一家老式旅馆,餐厅很窄小,里面只有一张餐桌,所有就餐的客人都坐在一起,彼此陌生,都觉得不知所措。突然,一位先生拿起放在面前的盐罐,微笑着递给右边的女士:"我觉得青豆有点淡,您或者右边的客人需要盐吗?"女士愣了一下,但马上露出笑容,向他轻声道谢。她给自己的青豆加完盐后,便把盐罐传给了下一位客人。不知什么时候,胡椒罐和糖罐也加入了"公关"行列,餐厅里的气氛渐渐活跃起来,饭还没吃完,全桌人已经像朋友一样谈笑风生了,他们中间的"冰"被一只盐罐轻而易举地打破了。第二天分手的时候,他们热情地互相道别,这时,有人说:"其实昨天的青豆一点也不淡。"大家会心地笑了。

　　感悟:有人曾感叹人与人之间的隔膜太厚,其实这隔膜很脆弱,问题是敢于先打破它的人太少。只要每人都迈出一小步,就会发现,一个微笑、一句问候,就可以消除这层隔膜。人与人之间交往的意义往往也就在于此。

第14计　了解老年人际交往应注意的问题

知识窗

老年人应该减少活动吗？

许多传统理论认为，随着年龄的增长，老年人的活动能力和水平逐渐下降，减少人际交往，关注内心的生命体验，有助于老年人过上平静而令人满意的晚年生活。但随着社会的不断发展，许多研究发现，活动水平高的老年人似乎比活动水平低的老年人具有更高的生活满意度，也更容易适应社会。那么，老年人应不应该减少活动呢？

在著名心理学家马斯洛的需要层次理论中，每个人都有与他人建立良好关系，且在自己的群体和家庭中拥有地位的需要，叫作归属与爱的需要，它与生理需要、安全需要、尊重需要一起，构成了人类生存活动的基本需要。而生物学上的研究也证明，"用进废退"是自然界发展的规律。可见，良好的人际关系、积极的身心活动是老年人保持身心健康、安度晚年的重要因素。

老年人际交往应怎么做？

因为工作岗位的调整，社会角色的转换，以及家庭地位的变化，老年人的交往会面临许多新的问题，那么，如何适应这些变化，更好地与他人进行交往呢？我们可以通过以下几点进行改善：

1. **积极主动与人交流**

由于退休或者其他的工作调整，老年人的社会角色也有一定变化，相应的人际交往圈子也可能有所缩小。想要交到新朋友，或者与老朋友继续保持良好的人际关系，就需要我们积极主动地扩大生活圈，与朋友进行交流，只有这样才能建立起稳固、持久的人际关系。

2. 适当参加群体活动

根据自己的实际情况，力所能及地参加群体活动，既能扩大交际圈，让自己找到志同道合的朋友，又能接收新信息，学习新知识、新技能，让老年人跟随时代潮流共同进步，有助于老年人保持良好的人际关系。

3. 保持良好心态

人际交往不同于其他关系，它是一种长期投入、缓慢成长的过程。在这个过程中，可能会有冲突，也可能发生隔阂，这都是很正常的。每个人都是独立的个体，有优点，也有缺点，人际交往时要对此有所准备，保持良好心态去接纳他人的缺点，学习他人的优点，才能更好地维持人际关系。

活动场

老年人的人生经历丰富，生命中扮演过许多不同的角色，每种角色都与他人有着不同的人际关系。那么，在这众多不同的角色关系中，对我们影响最大的是哪些？哪些关系我们还要继续努力保持呢？

1. 夫妻关系

夫妻关系是家庭生活的核心，相伴一生的另一半是自己生命的重要组成部分，保持良好沟通，做到大事不糊涂、小事难得糊涂，有助于老年人夫妻关系和睦。

2. 亲子关系

子女与父母具有不可分割的血缘关系，但并不意味着子女是父母的附属品。保持尊重，高效沟通，与子女进行平等、善意的交流，能够减少隔阂，增进感情。

3. 祖孙关系

中国有个说法叫"隔代亲"，用来形容祖孙之间的亲密关系。在生活中，注意在保持良好祖孙关系的同时，老年人不要对孙辈过于溺爱，在孩子成长过程中，只有不断调整自己的教育观，方能保持良好的祖孙关系。

4. 邻居关系

远亲不如近邻，可见邻里关系在中国人生活中的重要性。处理好邻里关系，互帮互助，有助于改善社区环境，保持外界大环境的良好氛围，有益于老年人的身心健康。

5. 朋友关系

老年人有各种各样的朋友，拥有共同爱好的、拥有美好往事的、互帮互助的。老年人的空闲时间可能增多，与朋友的交流时间也会增多。与朋友进行适当的交流，可以帮助老年人活跃思维，满足需求感。

6. 工作关系

退休后的老年人，并不意味着需要完全脱离工作。利用自己丰富的工作经验，做一些力所能及的工作，或者对后辈进行指点，不仅能发挥余热，还能帮助老年人保持自我价值感。

启思录

马斯洛的需要层次理论

心理学家马斯洛认为，个体具有各种各样的需要，总的来说，需要可以按照层次性，从低到高分为生理需要、安全需要、归属与爱的需要、尊重需要和自我实现的需要。

1. 生理需要
人对食物、空气、水分、睡眠的需要，是人的需要中最基本，也是最重要的需要。

2. 安全需要
人对组织、秩序、安全感的需要，表现为个体寻求稳定、安全感、保护和秩序，希望避免恐惧的需要。

3. 归属与爱的需要
人渴望与他人建立良好关系，并在群体和家庭中拥有地位的需要。

4. 尊重需要
包括自尊和受到他人尊重的需要，是个体基于自我评价产生的自尊自爱和期望受到他人尊重、受到社会认可的需要。

5. 自我实现的需要
人们追求实现自己的能力或潜能，使其充分发挥，实现人生价值的需要。

生理需要、安全需要、归属与爱的需要和尊重需要是低级需要，直接影响个体的生存，又叫基本需要。而自我实现的需要在个体发展中出现得较晚，并非维持个体生存的必然需要，是成长性需要。

第15计　掌握搞好"代际"关系的方法

知识窗

什么是代际关系？

代际关系指的是两代人之间的人际关系。通常一代指20年，代际关系的两代，泛指老年人与年轻人，如家庭中的父母辈与儿女或祖父母辈与孙子女辈的关系。代际差异产生代际关系。

导致代际关系紧张的主要原因有哪些？

（1）心理状态、行为表现、价值观念、道德伦理观念等方面产生的差异。
（2）成长环境不同导致的差异。
（3）不同年龄的心理特征导致的差异。
（4）社会地位的不同造成的差异。
（5）由于现代社会发展速度逐渐加快两代人的心理产生的差异。

活动场

正确认识与处理好代际关系，对老年人的心理健康有着重要意义。那么该如何促进两代人之间的关系呢？

第一，正确认识两代人的心理特点，是妥善处理代际关系的关键。

第二，对待两代人的不同意见，应采取接纳、融合、折中并存的办法。

第三，不要出口伤人。上一代人尤其注意不要在众人面前伤害年轻人的自尊心，说话要讲求语言艺术以及方式方法。

第四，上一代人千万不要用"武力"解决家庭纠纷，误认为"棍棒底下出孝子",实际那样只能导致代际关系紧张、僵化。

第五,下一代人应该尊重上一代人,关心他们的饮食起居,在节假日经常探望老年人,多与老年人团聚,清除老年人精神上的孤独感、寂寞感。

最后,两代人之间应该相互沟通,促进了解,只有了解了彼此的心事,才有可能做到互相尊重、互相体谅,从而使代际关系融洽。

启思录

寓言小故事一则

狮子和老虎之间爆发了一场激烈的战争,到了最后两败俱伤。

狮子快断气的时候对老虎说:"如果不是你非要抢我的地盘,我们也不会弄成现在这样。"老虎吃惊地说:"我从未想过要抢你的地盘,我一直以为是你要侵略我!"

启示:良好的沟通是维系家庭幸福的一个关键因素。有什么话不要憋在肚子里,多同家人交流,也让家人多了解自己,这样可以避免无谓的误会和矛盾。

第16计　通过人际关系帮助老年人缓解老年期抑郁症

知识窗

什么是老年期抑郁症？

老年期抑郁症是指首次发病于60岁以后，以持久的抑郁心境为主要临床表现的一种精神障碍。在临床上常见为轻度抑郁，但其危害性不容忽视，如不及时诊治，会造成生活质量下降，并且增加心身疾病（如心脑血管病）的患病风险。

老年期抑郁症的主要表现有哪些？

（1）情感低落是抑郁症的核心症状。
（2）思维迟缓。
（3）意志活动减退。
（4）出现自杀观念和行为。
（5）躯体症状主要表现为疼痛综合征、消化系统症状、类心血管系统疾病症状、睡眠障碍，体重明显变化、性欲减退等。
（6）疑病症状，往往过度关注自身健康，以躯体不适症状为主诉（消化系统最常见，便秘、胃肠不适是主要的症状）。

活动场

怎样通过人际关系帮助老年人缓解抑郁？

1. 多到户外活动

家人应该多陪伴老年人到户外接触阳光，接触绿色植物，有助于培养老年人的生活兴趣，缓解抑郁。

2. 经常锻炼

老年人可以和同龄朋友一起通过步行、慢跑、游泳、骑自行车等活动来增强老年人的自信心，预防和缓解抑郁。

3. 多交朋友

与人隔绝、离群索居是老年人产生抑郁的主要原因。所以拥有良好的人际交往关系能够显著改善老年人的抑郁症状。家人应该鼓励老人通过参加老年大学等方式多交朋友。

4. 好好睡觉

长期失眠是导致抑郁症的一个主要原因。家人应该提供一个安静舒适的环境以保证老人的睡眠质量。

5. 对昨天不后悔

老年人自己应该明白金无足赤、人无完人的道理，人非圣贤，孰能无过？所以没必要总是纠结于过去做错的事情，只要吸取经验教训，懂得反思就可以了。

启思录

单纯的喜悦

有一个小女孩每天都从家里走路去上学。一天早上天气不太好，云层渐渐变厚，到了下午时风吹得更急，不久开始闪电、打雷、下大雨。小女孩的妈妈很担心小女孩会被打雷吓着，甚至被雷打到。雨下得愈来愈大，闪电像一把锐利的剑刺破天空，小女孩的妈妈赶紧开着车，沿着上学的路线去找小女孩，看到自己的小女儿一个人走在街上，却发现每次闪电时，她都停下脚步，抬头往上看，并露出微笑。看了许久，妈妈终于忍不住叫住她的孩子，问她："在做什么啊？"她说："老天爷刚才帮我照相，所以我要笑啊！"

第5章 老年人格特征与心理健康

第17计 知道老年人性格也在发展变化

知识窗

性格的概念是什么?

性格在心理学上是指比较稳定的、具有核心意义的个性心理特征,表现了一个人对现实的态度和相应的行为方式。

性格分为四个特征:① 态度特征,是指个体在对现实生活各个方面的态度中表现出来的一般特征。② 理智特征,是指个体在认知活动中表现出来的心理特征。在感知觉、想象、记忆和思维等方面有具体不同的表现。③ 情绪特征,是指个体在情绪表现的强度、稳定性、持久性等方面的心理特征。④ 意志特征,是指个体在调节自己的心理活动时表现出的心理特征,具体表现在自觉性、坚定性、果断性、自制力等方面。

老年性格会变化吗?

性格的形成和发展贯穿一个人的一生,不仅受到个体遗传的影响,也受到后天环境的影响,而且后天影响的作用更大。有研究表明,老年人的性格既有持续稳定的一面,又有变化的一面,尤其是75~85岁的性格的变化要比65~74岁的变化大。但总的来说,性格的稳定状态是多于变动状态的。

老年性格会如何变化呢?

老年人由于身心老年化所导致的性格变化会体现在如表5-1所示的几个方面。

表5-1 老年性格可能发生的变化

老年性格特点	变化表现
自我中心性	表达自我意见时更容易盲目自信、专横任性
猜疑性	视听力感觉器官老年化,感知觉模糊,陷入胡乱猜测
保守性	难以接受新鲜事物,注重以前习惯想法
情绪性	对自己身体健康愈加关注,变得极易敏感和神经质
愚鲁和傲慢	沉溺于对往事的回忆中,常提到"当年之勇"

活动场

通过下面对老年几种性格类型的介绍,看看自己更符合哪一种类型。

1. 整体良好型

大多数老年人属于这一类型。其特点是有高度的生活满意感,能够正视新生活;有良好的认知能力及自我评价能力。根据个体角色活动特点又分为三个亚型。

(1)重组型:退而不休,继续广泛参加各种社会活动,是最成熟的人格形态。

(2)集中型:属于不希望完全退休的人格形态,他们会在一定范围内选择参加比较适合的社会活动。

(3)离退型:人格整体良好,会自愿从工作岗位上离退下来,对生活满意,但表现出活动水平低,满足于逍遥自在。

2. 防御型

雄心不减当年,喜欢追求目标,对衰老完全否认。根据个体角色活动特点又分为两个亚型。

(1)坚持型:继续努力工作和保持高水平的活动,活到老,干到老,乐在其中。

(2)收缩型:热衷于饮食保养和身体锻炼,以保持自己的身体健康和较为年轻的状态。

3. 被动依赖型

（1）寻求援助型：需要从外界寻求援助以帮助其适应老年化过程,从他人得到心理的支持,以维持其生活的满足感。

（2）冷漠型：与他人几乎没有联系,对任何事物都不关心,通常对生活无目标,几乎不从事任何社会活动。

4. 整体不良型

有明显的心理障碍,需要家庭照料或在社会组织帮助下才能生活,是适应老年期生活较差的一种人格模式。

启思录

性格与命运

从前有三兄弟想知道自己的命运,于是他们便去找智者,智者听了他们的来意后说:"在遥远的天竺大国寺里,有一颗价值连城的夜明珠,如果叫你们去取,你们会怎么做呢?"

老大首先说:"我生性淡泊,夜明珠在我眼里只不过是一颗普通的珠子,所以我不会前往。"

老二挺着胸脯说:"不管有多大的艰难险阻,我一定把夜明珠取回来。"

老三则愁眉苦脸地说:"去天竺国路途遥远,诸多风险,恐怕还没取到夜明珠,人就没命了。"

听完他们的回答,智者微笑着说:"你们的命运很明白了。老大生性淡泊,不求名利,将来难有荣华富贵。但也正由于你的淡泊,你会在无形中得到许多人的帮助和照顾。老二性格坚定果断,意志刚强,不惧苦难,预卜你的前途无量,也许会成大器。老三性格懦弱胆怯,遇事犹豫不决,恐怕你命中注定难成大事。"

的确,性格很大程度上影响一个人面对事情的态度以及今后的命运,老年人的性格会因为与社会的脱节、身份转变以及身体老化而产生改变。这时候只有正视各种变化,适当调整自己的心境心态,才能使老年人调整到较好地适应老年状态的性格状态,提升自身的心理健康水平,安然度过老年期。

第18计　接受他人的变与不变

知识窗

老年人身边他人的变与不变

老年人身边有几类人群：子女、同事朋友、其他晚辈年轻人。这些角色的生活、对待老年人的态度，在老年人衰老的过程中将产生质的变化。子女开始独立，组成自己的家庭，有自己的事业，完全脱离原生家庭，老年人从子女的依靠变为需要子女照顾的弱势群体。

同事朋友都逐渐从原来的岗位退休，老年人的生活群体开始逐渐脱离当前主流社会的运行系统。

老年人在工作单位和接触的社会生活中，发现年轻人群体逐渐代替了他们引领社会潮流，代替了他们原来的社会位置。

老年人如何对待身边他人的变与不变

对于身边他人的变与不变，老年人应尽早认识到周边环境人群随着自身衰老而变化是一个正常客观的过程，调整心态去接受这种变化的过程。多与同龄人、朋友、同事沟通面临这些变化时的内心感受，在社会支持中寻求力量，一起应对变化。

活动场

以下有10条标准来衡量老年人的心理健康水平，可以对照自测一下。符合自己情况的可打"√"。

（1）有充分的安全感。

(2) 自我评价恰如其分,有自知之明。

(3) 生活目标切合实际,处理问题较现实。

(4) 与周围环境保持接触,并经常保持兴趣。

(5) 能保持自己性格完整和谐,不孤僻。

(6) 具有从经验中总结、学习的能力。

(7) 情绪豁达,善于自我调控。

(8) 保持适当、良好的社会交往。

(9) 能在集体允许范围内发挥个性。

(10) 能在社会规范之内恰当满足个人需要。

计分规则与解释:

10个项目中,如标记为"√"者等于或不足3项,为较差;如标记为"√"者达到4～5项,为基本正常;如标记为"√"者等于或大于6项,为正常。

注意:上述心理测试仅供参考,得分过高或过低不代表有无心理健康问题,是否有心理健康问题或心理疾病需要到专业机构做诊断。

启思录

老先生与服务生

老先生常到一家商店买报纸,那里的服务生总是一脸傲慢无礼的样子,连基本的礼貌都没有。做事追求效率固然重要,可是缺乏礼貌一定会流失客人,没有了客人,服务速度再快,又有什么用?

朋友对老先生说:"为何不到其他地方去买?"

老先生笑着回答:"为了与他赌气,我必须多绕一圈,浪费时间,徒增麻烦,再说不礼貌是他的问题,为什么我要因为他而改变自己?"

感悟:不要因为别人的不好而影响了自己做事情时候的心情,也不要因外界的不尽如人意而影响了一生的幸福快乐。想想美好的一面,心情也会是很快乐的。

第19计　接受自己的变与不变

知识窗

老年人自身有哪些变与不变

在前面我们提到了老年人的诸多变化,从生理特征上来说,老年人的感觉认知能力、各器官运作能力都在衰退。从外界环境来说,一方面子女成家立业,一方面自己退休与社会逐渐脱节。这些变化都会导致老年的心境心态和人格特质产生变化。

对于老年人来说,不变的是自身的经历经验,相对于晚辈,他们仍有着长远的见识和丰富的人生经验。他们拥有话语权,却没有了以往表达话语的机会。

老年人如何接受自身的变与不变

首先,老年人要了解自身在衰老过程中生理、心理有哪些正常变化,正确看待这些变化,谨防疑神疑鬼的疑病心理。其次,老年人要学会接纳自身的生理老化和心理的部分改变,学会主动适应自己的角色改变,调整自己的角色行为。那么如何适应自己角色改变,调整心态呢?有以下几点可供参考:

(1) 老年人要有一个自己的"窝",与子女保持人们常说的"一碗汤的距离",即从子女家里端一碗汤送到老人手中,汤的温度刚刚好。这样的距离既可相互关照,又有自己的空间,进退自如。

(2) 老年人应该保持"活到老,学到老"的精神,去老年大学,选学一两门自己喜欢的课程,无疑是一个好的选择,还可以丰富生活。而且,老年人在老年大学还能认识一些与自己兴趣爱好相同且离自己住处较近的朋友。

(3) 老年人不但要经常适量地锻炼身体,还要适量地用脑,坚持读书看报,经常思索一些问题,保持思维的灵活性,培养广泛的生活情趣和丰富的精神生活,使自己的生活充实化、丰富化、意义化,才能提高社会适应性,进而从寂寞、烦闷、焦虑的低谷中走出来。

(4)刚刚退休的有条件的老年人可找个单位发挥余热,如担任单位的顾问,一周上几天班,既体现自身价值,又调节自己的心情。余下几天可以享受退休的乐趣,这样一个过渡的过程,对适应退休生活来说是非常有益的。

(5)老年人在身体状况和经济条件较好的时候,可结伴出门旅游,饱览名山大川,陶冶情操,充实自我。

(6)退休前,夫妻都各忙各的工作,退休后,可适当多做些家务,以增进夫妻感情。老年人要保持良好的人际关系,有一帮老友,可以一起享受生活,相互关照;也多与本单位的退休人员接触、交流、谈心,还可以去探望远方的亲友,顺便旅游,这都有利于延缓衰老。

活动场

下面介绍的是渐进式放松的操作方法,当出现较大情绪波动与困扰时,可通过这种放松方式消除紧张情绪,让自己回到一个相对平静宁和的状态,提高心理健康水平。

找一个安静的场所,先使肌肉紧张,保持5～7秒,注意肌肉紧张时所产生的感觉。紧接着很快地使紧张的肌肉彻底放松,并细心体察放松时肌肉有什么感觉。每部分肌肉一张一弛做两遍,然后对那些感到未彻底放松的肌肉,依照上述方法再进行训练。当使一部分肌肉进行一张一弛的训练时,尽量使其他肌肉保持放松。按照下列部位的顺序进行放松:优势的手、前臂和肱二头肌,非优势的手、前臂和肱二头肌,前额,眼,颈和咽喉部(双臂向前,双臂向后,耸肩),肩背部,胸,腹,臀部,大腿,小腿(脚尖向上,脚尖向下),脚(内收外展)。

启思录

心大了,世界就小了

丰子恺先生被称为"现代中国艺术的艺术家"。他的慈悲之心,他的不凡才情，他的朴素情怀，常人难及，堪称一代大师。丰子恺先生曾说："我的心为四事所占据了：天上的神明与星辰，人间的艺术与儿童。"

一个人的心中装有"天上的神明与星辰"，这无疑是持有一颗敬畏之心。心有所惧，行有所止。常怀一颗敬畏之心，行事才不会肆无忌惮，为所欲为，偏离轨道。敬畏天地，敬畏神明，敬畏自然，敬畏万物。懂得敬畏的人，行事有自己的底线，最可爱，最值得信任，最值得尊重。

大多数人的初衷与本意都是美好的，可是活着活着就背离了初衷和本意。有时候，并非是我们想要得太多，而是我们太容易被外界所左右。

心变得越来越小，事情变得越来越大。生活中的任何事情仿佛都是一座座山，都是一道道坎，于是纠结了，焦虑了，别说大事拿不起，就连小事也放不下，活得越来越不自在。

有人说，心有多大，世界就有多大。丰子恺先生说："心小了，所有的小事就大了；心大了，所有的大事都小了。"

第20计　培养并保持积极的人生观

知识窗

老年人面临什么样的转变？

离退休以后的角色转变，是一种衰退型的转变，它不像壮年以前各时期（幼年—青年—壮年）的角色转变，那是一种发展型的转变，比较容易适应。如果不能顺利地实现这一角色转变，就会出现一些不健康的心理障碍，譬如孤独、寂寞、狭隘多疑、抑郁烦躁等。有的老年人不能正确对待衰老的现实，在一人独处的时候常常胡思乱想，情绪紧张，心情忧郁，结果则是"下坡路"走得更快。

如何培养和保持积极的人生观？

其实，老年人在这种社会角色类型转变中的消极因素是不难克服的。消除和克服的措施是：

1. **要更新观念**

首先，应有一个正确的人生观和老年价值观，就如叶剑英元帅的《八十抒怀》诗所写："老夫喜作黄昏颂，满目青山夕照明。"长寿的老人大多是乐观开朗的，生活态度是积极的。活到老，学到老，干到老，尽力为社会多做贡献。离退休以后，发挥余热的天地是很广阔的，完全不必自暴自弃。

2. **最有效的办法是找事做**

比如主动找些有益于社会公益事业、有益于教育下一代的事情做做。在老年人当中，有不少人离退休后不甘心家居，仍在外边做点工作，他们并非都是为了挣钱，而是为了有个说说话的地方，排遣居家的孤独感。

3. **要培养起多方面的生活情趣**

写字作画，可以陶冶情操，集中注意力，有助于排遣孤独寂寞。种花养鸟，须投入时间与精力,花要肥,鸟要食,须去购买,去置备;种花养鸟有一套技术方法,钻进去,很需要一番忙碌;花香宜人,鸟鸣解闷,可以帮助老年人摆脱烦恼,驱除孤寂。参加集体文娱活动,如跳舞、打太极拳、下棋、打球等,都能使老年人在群体中交流情感,消除孤独感。

总体来说,老年人离退休后还应该做到"心宽、气宽、趣宽",乐观一些,大度一些,爱好兴趣广泛一些。

活动场

下面介绍一种体会自身情绪流动的小活动,可以选一段平和的音乐播放,并根据文字描述的步骤来感受自身情绪的波动。

现在大家把一根手指放在桌子上摩擦,感受一下手指的感觉、桌面的材质……然后闭上眼睛。

好,大家有没有注意到,无论我们的眼睛是睁开还是闭上,我们都能察觉到自己手上的感觉。

我们不但能感知到手指的触觉,同时也和那份感觉在一起,也就是我们自身既可以和这个感觉在一起,也可以独立于它。

接着我们来想象一件最近让自己有情绪波动的事情,想一件开心的事,再想一件伤心的事情。感觉是来来去去的,我们的内在有一个不变的东西观察着它。

通过这样的感受过程,可以更好地控制自身的情绪波动,更好地适应和调节老年期面临的各种身心变化,保持积极的心态和人生观。

启思录

乌鸦与鸽子

一只乌鸦在飞行的途中碰到回家的鸽子。鸽子问:"你要飞到哪里去?"乌鸦说:"其实我不想走,但大家都嫌我的叫声不好,所以我想离开。"鸽子告诉乌鸦:"别白费力气了! 如果你不改变声音,飞到哪儿都不会受欢迎的。"

感悟:如果你希望一切都能变得更加美好,就从改变自己开始,积极调整改变自己的认知和心态,迎接各方面的变化和挑战。

第21计　开启自己的"第二人生"

知识窗

"第一人生"告一段落的失落

许多老年人很难接受退休,为了工作付出的努力以及职业生涯的成就都很难放下。在看待年轻人时,一方面失落于自己的位置被替代,一方面觉得年轻人的能力远远不及自己,然而自己还是要与自己的工作说再见。

可能老年人还未到退休年龄,但是孙子孙女已经出生,子女需要有人帮着带孩子。抚育第三代的压力,也加速了老年人与职业和社会的脱离。

日本心理学专家指出,绝大多数老年人退休后1~3年内有些不适应,告别过去几十年的忙碌生活,突然变得无事可做、人生没有重心,陷入被抛弃的挫折感中,尤其是老年男性甚至可能患上躁郁症。因此,晚年生活寻找到一个能让自己埋头苦干、沉浸其中的事情非常重要。

如何开启"第二人生"

老年人可以重拾兴趣爱好,可以出去旅游、做支教,利用自身工作经验开办咨询公司等。

在日本,77岁的老人堀内辰男,退休前一直从事贸易工作,很不熟悉电脑,上班时看着年轻人熟练地制作电子表格非常羡慕。退休后,他开始自学电脑制表。如今,不仅能熟练使用,还能用制表软件画画,作品惊艳全日本,在各大城市被展出、收藏。

还有一位名叫草间弥生的老奶奶每天作画,还开了博客,将自己的画作展示给大家,广泛听取意见。现在,她已经是一名著名画家。

社会上,老年大学也在为老年人过好晚年生活助力。老年人可以考虑进入老年大学,和同龄老年人一起学习,积极交流兴趣爱好,并开展下棋、跳舞、运动等活动。

活动场

下面的内容用来测试自己的兴趣爱好取向。

假如你收到了三个聚会的邀请函,不巧的是,这三个聚会都定在同一时间举行,所以你只能出席一个。下面是这三个邀请函的主要内容,请选择一个你将会出席的聚会。

A. 这个聚会不仅是社交性的,大家还可以就感兴趣的话题进行深入探讨。这个活动一定会令你很兴奋,一起度过充实的时光吧!

B. 这个聚会邀请了各行各业的人,在这里,你可以扩展交际网络,对你将来的社会活动和工作都有益。

C. 这是一个来自老朋友的聚会。届时,大家将会在常聚的饭店品尝熟悉的味道,温馨地度过与老朋友的悠闲时光。

选择A,你适合做能让自己彻底投入的创作型事情。

你希望自己的兴趣爱好能给自己带来强烈的刺激和兴奋。你一旦投入某种事情中,就会全神贯注地充分发挥自己的能量。

推荐活动:电影、读书、创作活动、兴趣小组等。

选择B,大家一起参加的志愿者活动或是体育活动最适合你。

相比在家,你外出活动更多一些,因为你对社会性活动很关心,比较注重和别人之间的关系。

推荐活动:各种各样的团体活动、志愿者活动、体育活动等。

选择C,你更适合做贴近生活的事情。

你是一个自我保护意识强烈的人,所以很关心生活中的食物、金钱以及创建舒适的家庭环境等事情。在自己的住处度过惬意的时光会令你感觉很舒服。

推荐活动:陶艺、手工、烹饪、钓鱼和其他与生活相关的事情。

启思录

人生最好的三个状态

第一,长在心底的善良。

世间的惊喜往往源自累积的善良。想要收获更多好运气,就要从做一个友善的人开始,用更柔软的眼光看世界,用更温暖的心去生活。善良的人往往都是这样的:对家人体贴,待朋友真诚包容,和陌生人相处交谈也能眉目温柔;待人接物有分寸感,不尖酸刻薄,也不斤斤计较。

第二,丰盈大脑里的知识。

俗话说,你的气质里藏着你走过的路、读过的书和爱过的人。想要越来越强大,一定要多读书,努力充盈自己、丰富身心。多读书的你,就算遇到烦琐事情,也能有不一样的心境;身处重复的日常,也能有不一样的情调;处理同样的事情,也会有不一样的素养。

第三,藏在心里的梦想。

不管年龄多大、日子多忙,依旧愿意去学习、探索、拥抱新知,永远不放弃梦想,不失去自我。努力过好每一天,记录每一个幸福的小瞬间,乐于寻找平凡生活中的乐趣,让柴米油盐也开出花。享受运动,热爱旅行,懂得好身体才是未来人生最大的资本。在追梦路上,永远保持年轻的心态,不会被岁月磨去棱角……

老年人拥有被岁月磨砺过的更加包容宽广的心态和性格,也有丰富人生经历带来的宝贵经验和知识,那么在接下来的"第二人生"阶段里,不能放弃自己的兴趣爱好和梦想,可通过旅游、运动、发展爱好、调整心态来更好地享受生活。

第6章 老年社会适应与心理健康

第22计 做好离退休前的心理准备

知识窗

退休前的心理准备

人到了一定年龄,由于职业功能的下降而从工作岗位上退下来,是一个自然的、正常的、不可避免的过程。一些老年人因各种原因,如身体尚好、工作能力尚强、害怕失去已有地位等,迟迟不愿面对退休这一现实,以致等到面对退休时毫无准备,甚至产生抵触情绪,导致心理失去平衡。因此,必须正确认识与适应退休后的社会角色转变,正确看待退休(如表6-1所示)。

表6-1 退休适应期

时期	期待期	退休期	适应期	稳定期
进度	临近退休	退休一个月内	退休一年之内	退休一年后
表现	一部分人期待退休;而一些不想退休和被迫退休的人则相反	有些人心情舒畅;有些人则心烦意乱,无所适从	大多数人对退休生活日益适应,少数人会产生退休综合征	大多数人开始稳定的退休生活,建立起新的生活秩序;极少部分人退休综合征加剧,影响身心健康

毕生发展论

心理发展贯穿人的一生,心理发展总是由生长和衰退两个方面结合而成的。脑科学研究表明,人的智力的维持与发展和年龄并无多大关系,不仅儿童、青少年、成人的心理在发展,老年人心理的某些方面也在发展,老年期并非心理发展的终点。这就意味着人即使在退休后进入老年期,仍然可以不断地完善自我、实现自我和超越自我。

活动场

退休会带来情绪和心理上的影响。事实上,退休并不意味着感情上被流放,而是进入一段可以放松享受生活的时期。准备退休时,不妨问问自己下列这些问题:

(1) 什么能给你带来快乐和满足感?
(2) 你理想的居住地在哪里?
(3) 在生活中,你想要多一些什么,少一些什么?
(4) 你想跟谁度过大部分的退休时间?
(5) 你还有什么其他事业或个人兴趣?
(6) 一旦你的个人需求得到满足,你的生活目标是什么?
(7) 你希望因为什么事情被别人记住?

启思录

半字歌

退休读首半字歌,幸福快乐自然多!
自古人生最忌满,半贫半富半自安。

半命半天半机遇,半取半舍半行善。
半聋半哑半糊涂,半智半愚半圣贤。
半人半我半自在,半醒半醉半神仙。
半亲半爱半苦乐,半俗半禅半随缘。
人生一半在于我,另外一半听自然。

第23计　努力适应社会角色的转变

知识窗

建立退休心理适应模式

1. 适应身体衰退

衰老是人生的必经之路,心理活动的衰退是一个逐步积累的过程。一旦心理活动出现衰退、偏差、障碍,应及时地通过自我调节进行纠正,增强恢复心理健康的信心。一旦身体出现老化,引起衰退,就要经常锻炼,愉悦身心。一旦脑力出现衰退,就要勤于用脑,学习新知识。

2. 适应角色转变

退休并不是人生的结束,而是另外一段可以重新设计的崭新生活的开始。老年人既要克服心理老化,又要接受现实,以积极的心态面对生活。老年人拥有丰富的经验,可以继续为社会贡献智慧,发挥余热。老年人积极参与到社会活动中去,充分实现自身价值,通过奉献爱心可以使人生更加有意义;培养个人的爱好和兴趣,有助于陶冶情操,净化心灵,丰富生活。

3. 适应人际交往

在人际交往过程中,老年人应广交朋友,通过建立友谊,消除内心的孤独与寂寞。跳出孤独圈的最好办法就是积极地适应新的变化,建立新的社会交往渠道,参加适合老年人的聚会,交同龄的退休朋友。针对社会角色改变带来的失落,老年人要拓展自己的兴趣,多参加活动,多与不同年龄的人交流,丰富日常生活。

日常生活中的心理保健

1. 培养广泛的兴趣爱好

广泛的兴趣爱好不仅能开阔视野,扩大知识面,丰富生活,陶冶性情,充实退休后的生活,而且能有效地帮助老年人摆脱失落、孤独、抑郁等不良情绪,促进生理及心理的健康。退休之后闲暇时间增多,可以有意识地培养一两项兴趣爱好,如书法、绘画、下棋、摄影、园艺、烹调、旅游、钓鱼等,用以调节情绪,充实精神,稳定生理节奏,让老年生活充实而充满朝气。

2. 培养良好的生活习惯

饮食有节,起居有常,戒烟节酒,修饰外表,美化环境,多参与社会活动,增进人际交往,多与左邻右舍往来,有助于克服消极心理,振奋精神。

3. 坚持适量运动

适量运动有助于改善体质,增强脏器功能,延缓细胞代谢和功能老化,增加老年人对生活的兴趣,减轻负性情绪。退休后,可根据自己的体质、兴趣、爱好选择合适的运动项目,散步、慢跑、做操、钓鱼、游泳、骑自行车、打太极拳等都是非常适合老年人的运动项目。

活动场

通过回答下面的问题,看一看自己的退休适应处于怎样的水平。

说明:下面是对退休后生活感受的描述,请按照你的符合程度给予5,4,3,2,1分。

(1) 我能够很好地适应退休后的生活。

(2) 我很享受退休后的状态。

(3) 我每天处于忙碌的状态。

(4) 我没有感到焦虑不安。

(5) 我的财务状况稳定,不会为退休金感到担忧。

(6) 我早早地为退休做好了计划。

(7) 退休后人们仍然像以前那样尊重我。

(8) 我现在仍然能够在某项工作中发挥作用。

(9) 退休生活比我预期得要好。

(10) 我很享受能够有更多时间跟家人在一起。

计分规则与解释:

完全符合记5分,比较符合记4分,不确定记3分,比较不符合记2分,完全不符合记1分。

总分为35分以上:退休适应良好。

总分为15~34分：退休适应一般。

总分为14分以下：退休适应较差，需要及时调整。

注意：上述心理测试仅供参考。

启思录

论　闲

人莫乐于闲，非无所事事之谓也。

闲则能读书，

闲则能游名胜，

闲则能交益友，

闲则能饮酒，

闲则能著书。

天下之乐，孰大于是？

——张潮《幽梦影》

第24计　努力克服由于角色转换所产生的不适应感

知识窗

远离"退休综合征"

所谓退休综合征,是指离退休后对环境适应不良引起的多种心理障碍和身心功能失调的综合病症,是一种典型的因心理与社会适应不良引发的心理疾病。

退休综合征表现为以下几个方面:

(1)情感障碍。自感老来无用,被人遗弃,情感脆弱,情绪不稳,喜怒无常,急躁易怒,对任何事物均不感兴趣,情绪抑郁,孤独自卑,不愿与社会接触,对人淡漠。

(2)思维障碍。易联想往事,思乡怀旧,不能自制。思维缓慢,概念贫乏,联想受抑制,继而产生思维阻塞,往往忽然言语中断。

(3)注意力不集中。记忆力下降,特别是近事记忆力明显减退,常丢三落四。

(4)行为异常。常表现为坐卧不宁,动作重复,犹豫不决,优柔寡断,偶有强迫性行为。

(5)自主神经功能失调。出现头晕、头胀、心悸、胸闷、阵发燥热、潮红、失眠、多梦等症状。

离退休是人生的一个重要转折点,在此期间出现生活习惯的不适应、人际关系的不适应、社会环境的不适应,究其实质,是对社会角色转变的不适应。从职业角色转变为闲暇角色,从主角转变为配角,交往圈子从大变小。面对这样的矛盾和改变,老年人若不能很好地适应,就会出现诸多问题。要预防和摆脱退休综合征,老年人就应该努力适应离退休所带来的各种变化。

活动场

通过回答下面的问题,看一看自己离退休后生活的重塑情况如何。

说明:下面是对离退休后生活的描述,请按照您的符合程度给予5,4,3,2,1分。

(1) 我注重身体健康。

(2) 我参与体育锻炼。

(3) 我主动调整心态。

(4) 我让生活变得有规律。

(5) 我注意劳逸结合。

(6) 我去上老年大学。

(7) 我结交新朋友。

(8) 我参与公益(如帮助他人、参与志愿者活动等)。

(9) 我参与集体活动。

(10) 我主动与他人交流。

(11) 我返聘就业。

(12) 我打太极拳。

(13) 我进行球类运动(如乒乓球、羽毛球、网球等)。

(14) 我散步或徒步。

(15) 我游泳。

(16) 我观看电视、电影或其他视频。

(17) 我收藏邮票、古董等。

(18) 我垂钓。

(19) 我学习使用电子产品(如智能手机、电脑等)。

(20) 我主动学习新知识(如养生知识等)。

(21) 我充实自己的生活。

(22) 我做力所能及的事情。

(23) 我提高防骗识骗的能力(如识别推销虚假保健用品等)。

(24) 我上网。

(25) 我经常旅游。

计分规则与解释：

完全符合记5分,比较符合记4分,不确定记3分,比较不符合记2分,完全不符合记1分。

总分为80分以上:退休后生活重塑良好。

总分为50~79分:退休后生活重塑一般。

总分为49分以下:退休后生活重塑较差,需要及时调整。

注意:上述心理测试仅供参考。

启思录

养生诀

和为贵,忍为高;
自寻乐,莫烦恼;
睡得香,起得早;
不偏食,七分饱;
常活动,勤动脑;
天天忙,永不老。

第25计　努力适应现代社会生活

知识窗

在当今社会中,各种现代科技、信息资讯的发展真可谓瞬息万变,即使是年轻人,稍不努力,也会跟不上形势的发展。而对于老年朋友来说,由于他们离开了工作岗位,加上自身文化水平、年龄等因素,接受新事物的步伐明显地"慢半拍",会使老年人常常有自卑、无所适从的感觉。

因此,我们提倡老年人提高自身的生活质量。高质量的老年离退休生活要做到"四有",即老有所为、老有所乐、老有所学、老有所养。老有所为指的是,即使是在老年期也要有自己想要追求的事情,有所作为,不能因为退休而完全放弃自身的追求。老有所乐指的是,要有能让自己感到开心的兴趣爱好,进行培养,并坚持下去。老有所学指的是,老年期也要坚持学习。面对现代科技、信息资讯的快速变化,不能仅仅是抱怨和拒绝接受,要相信凭自己的经验和能力能够通过学习跟上时代。老有所养指的是,老年人要保障自身的生活环境,有困难时懂得及时向子女求助。

活动场

下面介绍一种放松方法,适用于老年人在适量运动后,降低心率恢复状态。

(1) 上肢放松活动:站立,上肢前倾,双肩双臂反复抖动至发热止。

(2) 下肢放松运动:仰卧、举腿、拍打、按摩,颤抖大腿内、前、后侧和小腿后侧肌肉,以及臀、腹、侧腰部肌肉。

(3) 团身抱膝放松运动:双手抱膝,下蹲,低头,反复上下颤动至腰椎发热为止。

(4) 全身休整运动:站立,身体前屈,双手扶地,充分运用气息,深吸气于胸,屏息(不呼也不吸,不是憋气)慢吐气于腹(丹田)。如此反复几次,同时上肢慢慢抬起、直立,直至脉搏恢复至运动前正常脉搏止。

老年人还可以做些伸展运动,如转颈、绕肩、摆臂、屈膝、转踝等,但一定要记住做伸展运动时应该温和流畅,切忌做一些快速、过猛的动作。在做完正确的放松和伸展运动之后,老年人的身体应该感到轻松而且更加灵活,且心率应恢复到运动前的正常心率。

启思录

新 竹

郑板桥

新竹高于旧竹枝,全凭老干为扶持。
明年再有新生者,十丈龙孙绕凤池。

第26计　努力做到老有所为

知识窗

老年人的黄金运动方案

老年阶段的运动应以提高生活质量、预防跌倒、提升心肺功能为主。建议做轻柔的有氧运动,保持和改善平衡能力,并配合适量的力量训练坚实肌肉、强化骨骼。

推荐运动:步行、做操、游泳、骑车、打高尔夫球等;推荐肌肉训练:哑铃、瑜伽、太极拳等。

活动场

八段锦功法

八段锦功法是一套独立而完整的健身功法,起源于北宋,至今已有800多年的历史。古人把这套动作比喻为"锦",意为五颜六色,美而华贵。对于老年人强身健体、放松身心大有裨益。下面简略介绍一下八段锦功法操作内容,可参考进行活动。

第一段　双手托天理三焦

(1) 两脚平行开立,与肩同宽。两臂分别自左右身侧徐徐向上高举过头,十指交叉,翻转掌心极力向上托,使两臂充分伸展,不可紧张,恰似伸懒腰状。缓缓抬头上观,要有擎天柱地的神态,同时缓缓吸气。

(2) 翻转掌心朝下,在身前正落至胸高时,随落随翻转掌心再朝上,微低头,眼随手运,同时缓缓呼气。

如此两掌上托下落,练习4～8次。

第二段　左右开弓似射雕

(1) 两脚平行开立,略宽于肩,成马步站式。上体正直,两臂平屈于胸前,左臂在上,右臂在下。

(2) 手握拳,食指与拇指呈八字形撑开,左手缓缓向左平推,左臂展直,同时右臂屈肘向右拉回,右拳停于右肋前,拳心朝上,如拉弓状。眼看左手。

(3)、(4)动作与(1)、(2)动作同,唯左右相反,如此左右各开弓4～8次。

第三段　调理脾胃臂单举

(1) 左手自身前成竖掌向上高举,继而翻掌上撑,指尖向右,同时右掌心向下按,指尖朝前。

(2) 左手俯掌在身前下落,同时引气血下行,全身随之放松,恢复自然站立。

(3)、(4)动作与(1)、(2)动作同,唯左右相反。如此左右手交替上举各4～8次。

第四段　五劳七伤往后瞧

(1) 两脚平行开立,与肩同宽。两臂自然下垂或叉腰。头颈带动脊柱缓缓向左拧转,眼看后方,同时配合吸气。

(2) 头颈带动脊柱徐徐向右转,恢复前平视。同时配合呼气,全身放松。

(3)、(4)动作与(1)、(2)动作同,唯左右相反,如此左右后转各4～8次。

第五段　摇头摆尾去心火

(1) 马步站立,两手叉腰,缓缓呼气后拧腰向左,屈身下俯,将余气缓缓呼出。动作不停,头自左下方经体前至右下方,像小勺舀水一样引颈前伸,自右侧慢慢将头抬起,同时配以吸气;拧腰向左,身体恢复马步桩,缓缓深长呼气。同时全身放松,呼气末尾,两手同时做节律性插腰动作数次。

(2) 动作与(1)动作同,唯左右相反。

如此(1)、(2)动作交替进行各做4～8次。

第六段　两手攀足固肾腰

(1) 两脚平行开立,与肩同宽,两掌分按脐旁。

(2) 两掌沿带脉分向后腰。

(3) 上体缓缓前倾,两膝保持挺直,同时两掌沿尾骨、大腿向下按摩至脚跟。沿脚外侧按摩至脚内侧。

(4) 缓缓将上体展直,同时两手沿两大腿内侧按摩至脐两旁。如此反复俯仰4~8次。

第七段　攒拳怒目增气力

（1）预备姿势：两脚开立，两手握拳分置腰间，拳心朝上，两眼睁大。

（2）左拳向前方缓缓击出，成立拳或俯拳皆可。击拳时宜微微拧腰向右，左肩随之前顺展拳变掌，臂外旋，握拳抓回，呈仰拳置于腰间。

（3）与（2）动作同，唯左右相反。如此左右交替各击出4~8次。

第八段　背后七颠百病消

（1）预备姿势：两脚平行开立，与肩同宽，或两脚相并。

（2）两臂自身侧上举过头，脚跟提起，同时配合吸气。两臂自身前下落，脚跟亦随之下落，并配合呼气，全身放松。如此起落4~8次。

启思录

龟虽寿
曹　操

神龟虽寿，犹有竟时；
腾蛇乘雾，终为土灰。
老骥伏枥，志在千里；
烈士暮年，壮心不已。
盈缩之期，不但在天；
养怡之福，可得永年。
幸甚至哉，歌以咏志。

第7章　老年家庭婚姻与心理健康

第27计　了解家庭和睦对老年人心理保健的影响

知识窗

家庭和睦，到底有多重要？

中华民族历来重视家庭，家和万事兴。

家庭和睦是指每个家庭成员都具有良好的愿望、忠实的行动和优良的品质，家庭成员之间相处融洽，夫妻互爱，长幼互亲，可以给家庭带来欢乐、祥和的氛围，其乐融融。

家庭，是一个人的根本，是一个人的归宿，是一个人最坚实的后盾，是我们心灵栖息的地方。有了家，才有牵挂；有家人，才有幸福。如果家庭不和睦，家人心不在同一个方向，家人不团结，那么即便有再多的财富，也会感到孤独。

家庭和睦对老年人的心理健康会有什么影响？

家庭和谐是保持心理健康的必备条件，没有家庭和谐，心理健康就没有保障，对老年人来说，尤其是这样。国外研究表明，50%～80%的疾病与心理因素有关，仅因情绪致病的就占74%～76%。

一方面，研究表明，家庭和谐给家庭成员带来欢乐，而且可以使老年人心理保持平衡稳定，经常获得内心的愉悦和温暖，从而刺激脑部的"天然镇静剂"——内啡肽的产生，使人心情舒畅，缓解由于脱离社会生活而造成的不良情绪。

另一方面,如果生活在不和谐的家庭,整日精神不振,郁闷忧愁,会使神经功能失去平衡,精神状态变差,从而造成内分泌紊乱,甚至导致高血压、动脉硬化和新陈代谢障碍等疾病。

总之,家庭是老年人精神寄托的港湾,家庭和睦是美好生活的基石。

活动场

下面是有关你与家人关系状态的问题,请你仔细阅读每一个题目,然后根据你自己的实际情况选择符合你自身的选项。

(1)当我遇到困难时,可以从家人那里得到满意的帮助。

　　A. 经常这样(2分)　　B. 有时这样(1分)　　C. 几乎从不(0分)

(2)我很满意家人与我讨论各种事情以及分担问题的方式。

　　A. 经常这样(2分)　　B. 有时这样(1分)　　C. 几乎从不(0分)

(3)当我希望从事新的活动或开始新的发展时,家人都能接受且给予支持。

　　A. 经常这样(2分)　　B. 有时这样(1分)　　C. 几乎从不(0分)

(4)我很满意家人对我表达情感的方式及对我情绪的反应。

　　A. 经常这样(2分)　　B. 有时这样(1分)　　C. 几乎从不(0分)

(5)我很满意家人与我共度时光的方式。

　　A. 经常这样(2分)　　B. 有时这样(1分)　　C. 几乎从不(0分)

计分规则与解释:

将5道题目的得分加到一起,计算总分。

总分为7~10分,表示家庭功能良好。

总分为4~6分,表示家庭功能中度障碍。

总分为1~3分,表示家庭功能严重障碍。

注意:上述心理测试仅供参考,得分过高或过低不代表有无心理健康问题,是否有心理健康问题或心理疾病需要到专业机构做诊断。

启思录

家和万事兴

千年缘分实堪珍,血脉相连骨肉亲。
子女心中多念孝,爷娘嘴上少言恩。
逆流共渡争先手,顺境同行让后身。
自古家和兴万事,东风着意送长春。

第28计　清楚夫妻恩爱对老年人的身心健康的裨益

知识窗

良好的夫妻关系是怎样的？

一般来说，良好的夫妻关系有四个标准：

1. 夫妻双方具有共同的或彼此接受的价值观念

夫妻双方如果有很多共同的兴趣爱好，比如都喜欢户外运动、读书等，那么夫妻感情交流会更充分。如果有共同的或彼此都能接受的价值观，会让彼此交流无障碍。

2. 对配偶的幸福和发展由衷关注

应当关注伴侣是否幸福。不要以为自己生活幸福，伴侣就一定很开心，而需要从伴侣的角度考虑，才会发现幸福的真谛。

3. 能求大同存小异，容忍存在的分歧

包容是夫妻感情持续的基础，没有包容，就如同汽车没有润滑油。要明白夫妻之间也是有清晰界限的，要给对方足够的自由空间。

4. 平等地享有各种支配权及决定权

当夫妻双方平等且收入相当的时候，夫妻之间的关系是平衡的。在不平衡的关系中，个体就会感到烦恼。在做决定的时候，小事上或许无所谓，夫妻一方拿定主意就好，大事上一定要两个人共同商量。

夫妻恩爱对老年人身心有何裨益？

夫妻恩爱，是幸福家庭的基础。夫妻之间关系融洽、相互信任和包容对身心健康有重要的促进作用。

一方面，夫妻之间和和美美，心情舒畅会促进身体健康，预防疾病。良好的情绪可使机体生理机能处于最佳状态,使免疫抗病系统发挥最大作用,抵御疾病的袭击。因此,有的心理学家把情绪称为"生命的指挥棒""健康的寒暑表"。

另一方面,老年人夫妻关系恶劣,导致出现暴躁、悲观、紧张的消极情绪,不仅会导致老年人的"不安全心理""黄昏心理",而且有可能增加老年抑郁症的发病率。

活动场

婚姻的天地并非敌对的战场,我们需要的是彼此之间的调和而不是无尽的吵吵闹闹。下面是夫妻相处的4个实用小妙招,可以让夫妻其乐融融。在生活中应用起来吧!

1. 互补法

如果丈夫属暴躁型,遇事易发火,妻子则应予以抚慰,平息怒火,达到"刚柔相济"的效果。

2. 震荡法

对于感情迟钝的丈夫,妻子可以运用震荡术。多注意自己的需要,当对方希望你做些什么时,你偏要稍微不完全满足对方;为自己做事时,要让他知道你是快乐的;对方一有敏感的表现,就应让他知道你的反应。

3. 互惠法

夫妻的爱情,需要双方的给予。你若想获得对方的爱情,你必须先给予对方爱情,这便是爱情中的互惠原则。古人早已恪守这个原则:"投我以木桃,报之以琼瑶。"

4. 适应法

夫妻结合是两种个性、两种生活习惯的结合,尽管是几十年的老夫老妻,也会出现不少"脱节"的现象。为此,夫妻双方必须学会适应。适应包括两个方面:一是容忍和适应对方的生活习惯,二是改变自己的生活习惯。这样才能使两个本来相交或相离的圆逐渐靠拢、重合。

启思录

人生老来重晚情

人生之旅,妻子是青年时代的情人,中年时代的伴侣,暮年时代的守护神。妻子是如此,丈夫又何尝不是这样呢?人越老越需要老伴,俗话说:"满堂儿女,赶不上半路夫妻。"人到晚年还是老伴亲。

少年夫妻老来伴,回味人生的甘苦,思索人生真谛。人的一生,漫漫几十载,能携手共同走完人生旅程的往往是夫妻。因此,夫妻之间的缘分应特别珍惜。

第29计　学会排遣老年生活的"空巢感"

知识窗

什么是"空巢感"?

"空巢感"又称为"空巢孤独感",现特指子女离开家庭后,精神苦闷的老人出现的寂寞、凄凉的感觉。空巢老人的孤独感不同于孤独生活本身,它是老年人认为自己被世人所拒绝、所遗忘,从而在心理上产生与世人隔绝开来的主观心理感受,是与人交往的需要不能满足的结果。

研究者通过对13963名城市老年人的调查发现,40%的老年人有孤独、压抑、心事无处诉说之感。子女远走高飞,年轻人离开家庭踏入社会,老年人告别社会重返家庭后,尤显得"孤苦伶仃"。他们一旦感受到"空巢"的孤独,心理或情感的支持系统往往趋于脆弱。

有了"空巢感"该怎么办?

由于老年人的身体正处于衰退期,"空巢"生活带来的心理适应不良情况很容易影响到生理机能的正常运行,使内分泌发生紊乱及免疫功能下降,进而引发一系列病症。"空巢"老年人要安享晚年,可以从以下几个方面努力。

1. 做好思想准备

提前做好迎接"空巢"生活的心理准备,无疑对老年人有很大的帮助。实践结果表明,主动迎接"空巢"生活到来的老年人较被动接受者产生的心理障碍要小得多。

2. 选择再就业

"空巢"老年人的孤独、无助等感觉大都是因为无事可做引起的,如果继续工作,这些心理上的感觉就会减小或者消失。例如那些奋战在医疗、教学和科研的第一线的老年人,虽然子女不在身边,但忙碌的工作冲淡了孤独的感觉,所以他们并没有多少"空巢感"。

3. 正确认识衰老

"空巢"老年人要对衰老有正确的认识,明确衰老是一个正常的生理现象,没有人能够逃脱生老病死的自然规律,所以要顺其自然,以平和的心态对待衰老。

4. 多参加一些活动

"空巢"来临的头几个月,是老年人思想波动、情绪低落最明显的时期,这个时期老年人可以把自己的生活安排得丰富多彩一些,如多参加一些老年人的集体活动。身体好的老年人可以多参加一些户外活动,多接触一下大自然。身体不太好的高龄老年人,可以参加一些社区活动或者家人在家里组织的活动。

活动场

与孤独感、失落感相对应的就是价值感,价值感越强越能排遣老年生活带来的孤独感、失落感。那么,我们的价值感处于怎样的水平呢?我们一起来测一测。

仔细阅读下面表7-1中的描述,选择最符合自己实际情况的答案。

表 7-1　价值感自我测试表

序号	描述	不同意	比较不同意	比较同意	同意
1	我不为自己的情绪特征感到丢脸	1	2	3	4
2	我觉得我必须做别人期望我做的事情	4	3	2	1
3	我相信人的本质是善良的、可信赖的	1	2	3	4
4	我觉得我可以对我所爱的人发脾气	1	2	3	4
5	别人应赞赏我做的事情	4	3	2	1
6	我不能接受自己的弱点	4	3	2	1
7	我能够赞许、喜欢他人	1	2	3	4
8	我害怕失败	4	3	2	1
9	我不愿意分析那些复杂问题	4	3	2	1
10	做一个想做的人比随大流好	1	2	3	4
11	在生活中,我没有要为之奉献的明确目标	4	3	2	1
12	我恣意表达我的情绪,不管后果怎样	1	2	3	4
13	我没有帮助别人的义务	4	3	2	1
14	我总是害怕自己不够完美	4	3	2	1
15	我被别人爱是因为我对别人付出了爱	1	2	3	4

计分规则与解释:

计算选项总分,分数越高自我价值感越强,一般来说,平均得分在45分左右。

注意:上述心理测试仅供参考,得分过高或过低不代表有无心理健康问题,是否有心理健康问题或心理疾病需要到专业机构做诊断。

启思录

人老了,仍要追求

巴尔扎克说,在各种孤独之中,人最怕精神上的孤独。

如果没有追求和爱好,每天无所事事,再好的物质生活,也无法填补精神上的空虚。

雨果说,孤独可以使人愚笨,也可以使人能干。

如果因为缺少儿女的陪伴,我们就停止对生活的热爱、追求和向往,那将是多么大的悲剧。

人老了,儿女高飞,我们应该为他们感到欣慰,他们是我们的骄傲。

人老了,心还没老,更不应该停下我们的脚步,停下我们对生活的追求和向往。

第30计　正确认识老年人在家庭中的作用

知识窗

老年人在家庭中可以发挥哪些作用？

家庭是社会的细胞,老人是家庭的主心骨。人老了,体弱了,从工作岗位上退下来后,主要精力转移到家庭,老年人在家庭中起码应发挥五大作用。

1. **表率作用**

许多老年人有着丰富的人生经验,作为长辈,他们对晚辈言教身教,为晚辈树立了一个良好的形象,起到了很好的表率作用。

2. **督促作用**

俗话说,"忠言逆耳利于行"。年轻人不要嫌老人唠叨,老年人毕竟经验丰富,"欲明山中路,须问过来人"。因此,老年人的督促作用是他人难以取代的。

3. **协调作用**

作为一个家庭,总会出现这样或那样的矛盾。作为一家之主的长者,是家中的长辈,有经验、有资历、有威望,说出话来,晚辈一般能听从。遇到矛盾时,长者出面协调,容易化解矛盾,平息风波,使家庭上下团结一致,子女之间和睦相处。

4. **辅助作用**

俗话说,"家有老,赛金宝"。老年人离退休后时间相对宽裕,子女们每天要上班,孙子、孙女要上学,一些家务活往往缺少人手。在这种情况下,老年人可以力所能及地帮上一把,既做了家务,又活动身体,也是对晚辈工作和学习的最大支持。

5. **凝聚作用**

富有权威性的老年人,在家庭中是一面旗帜,具有较强的凝聚作用。老年人可以充分利用这种凝聚作用,更好地对晚辈进行教育、引导,使"家和万事兴"的传家宝代代相传。

在家庭生活中老年人应遵守哪些原则？

和睦的家庭生活,使人精神愉快、身心轻松。除了要求年轻人发扬"尊老、敬老、爱老、助老"等传统美德外,建议老年人在与子女相处时注意把握以下8个原则:

(1) 对子女要多些理解,平等对待。
(2) 不偏袒子女,做到一视同仁。
(3) 少讲闲言闲语,以免造成误会。
(4) 不过分要求,让子女难堪。
(5) 对孩子多点慈爱,教育子孙讲点艺术。
(6) 少挑剔指责,以免影响代际融洽。
(7) 多些宽容和谦让,保持豁达与开朗。
(8) 学会几分糊涂和傻劲,家庭琐事不须是非太分明。

活动场

下面是一些使家庭关系融洽的心理学小妙招,在我们的实际生活中使用起来吧。

1. 每天一句赞美

喜欢听赞美似乎是人的一种天性,是一种正常的心理需要。赞美不仅能使家人的自尊心、荣誉感得到满足,更能让家庭成员感到愉悦和鼓舞,从而使家庭成员之间更亲密。

2. 适当做点家务

家务劳动比较琐碎,但一般不是重活,适当做一点家务不仅可以改变老人喜静不喜动的习惯,实际上是另一种意义上的体育锻炼,而且可以改善家庭的环境,有利于身体健康。

3. 多倾听,切忌唠唠叨叨

降低自己的控制欲,儿女生活的琐事,尽量不去干涉,尊重子女的选择。

4. 注重自己的形象

人老了依然要学习,依然要学着改变自己的精神面貌。比如多看一些书来陶冶情操，注重自己的穿着打扮等，平常我们不要小看这些事情，这些小事往往有助于实现我们的家庭幸福。

启思录

老非无用

老马识途，可以给年轻人指点迷津。

老当益壮，可以继续发挥余热。

老有所养，可以在享受天伦之乐之时言传身教于后代。

老有所为，可以继续为家庭和谐贡献力量。

老非无用，老人是一宝，学识、经验、体会是靠一生的经历得来，负有继往开来的责任和义务，将其传承责无旁贷。

第31计　处理好家庭人际关系冲突

知识窗

家庭关系冲突的常见类型

在家庭中，夫妻关系、亲子关系以及子女媳婿同老年人之间的关系共同构成了家庭人际关系的三大基本关系。与此相对应，这三大基本关系之间的矛盾和冲突，也构成了三种基本的家庭冲突。

1. 夫妻冲突

家庭关系中，夫妻关系是一种最重要、最核心的关系，夫妻关系的好坏直接关系一个家庭的幸福与否。

2. 父母与孩子的冲突

亲子关系是维系家庭的一个重要环节。从某种意义上说，人类正是为了自身繁衍才选择了婚姻这种方式。父母与孩子间的关系有和谐的一面，也存在着矛盾和冲突。

3. 老年人同子女媳婿的冲突

在一个不断扩大的家庭中，除了存在着通过姻缘而缔结的夫妻关系和依靠血缘而联结的亲子关系外，还存在老年人同子女媳婿之间的一种特殊关系，关系双方因为血缘、亲情、感情的维系及道德、法律义务的约束，有着和睦相处的一面，但由于两代人不同的心理观念、行为模式，每个家庭不同的生活习惯等，不可避免地会产生矛盾乃至冲突。

老年人应该如何处理家庭人际关系冲突？

要把每个家庭建成快乐、文明、和谐之家，老年人就应正确地处理好夫妻、婆媳等关系，建立一个和睦家庭环境。因此，应注意以下几点：

一是对待子女要一视同仁。在家庭关系中,老年人对待子女不应该有爱厌之分和厚此薄彼之举,否则会使子女之间产生不公平感,容易导致老少之间关系紧张。

二是不过多地干涉家政。要尊重家庭主妇的意见,不能有以自我为中心的思想,更不能粗暴干涉或强行改变原来的家庭计划。在尊重老伴的前提下,协助搞好家庭管理。

三是要多做些家务劳动。老年人退休后,在家庭中应共同分担家务劳动。这不仅是生活的需要,有助于家庭的和睦,而且还有益于增强体质,保持体力,从而达到延年益寿的目的。

活动场

下面是两个适合家庭成员之间玩的心理学团体小游戏,可以促进家庭成员之间的感情。在家庭聚会的时候,我们可以鼓励家人们一起参与。

1. 击鼓传花

道具:鼓、花。

参加人员:全体家庭成员。

游戏规则:参加者先围成一圈,当击鼓者开始击鼓时,花就开始传,当鼓停时,花到谁手,谁就是"幸运者",就要表演节目。表演结束后,花就从这个"幸运者"开始传,依此进行。

2. 套圈夺宝

道具:易拉罐和铁圈。

参加人员:全体家庭成员。

用易拉罐摆成三排,每个人在一定距离处用铁圈套易拉罐,套中者则加分。

3. 心有灵犀一点通

道具:写有词语的卡片(如动物类的公鸡、大象,食品类的面条、鸡蛋,运动用品类的哑铃、足球等)。

两位家庭成员一组,随机抽取卡片。一个人模仿卡片内容比划但是不可以说话,另一个人根据动作来猜词。这个游戏不仅能有效锻炼老年人及家庭成员的肢体表达能力,而且能促进家人之间的默契合作关系。

启思录

刺

　　一根细细的小木刺,扎进了一个人的肌肉里,它以为找到了安心之地,沾沾自喜。可它不知道,被扎的人是何等疼痛和难以忍受啊!被扎的人自然不甘心。为了解除痛苦,他想方设法终于把刺挑了出来。

　　每个人遇到不受家人欢迎、不被家人接纳的时候,不要抱怨,不要迁怒于人,可以认真地反省自己,认真地检查一下自己的言行,是否有尖刻的"刺",扎进了家人的心里。

　　不仅在家庭中,在社会人际关系中也是这样。如果不想被别人远离,那就必须谨言慎行,不要伤害别人,要对生活充满积极的热爱。

第8章 老年长寿心理与心理健康

第32计 了解长寿老人的心理表现

知识窗

长寿老人的心理特点有哪些?

(1) 心胸开阔,乐观豁达。
(2) 与人为善,知足常乐。
(3) 热爱生活,善于生活。
(4) 忘我无私,刚毅耿直。
(5) 兴趣广泛,有所追求。

影响长寿的因素有哪些?

大致包括遗传基因、性别、自然环境、膳食营养、疾病、家庭生活方式、心理状态等,其中心理因素是重要的方面。长寿老人一般有以下特点:第一,乐观豁达是长寿之本,应引导老年人改正负性认知方式,建立积极的心态面对生活。第二,能尽快地适应退休后的生活,积极地寻求生活乐趣,培养自己的兴趣爱好,如读书、下棋、练气功、养花鸟虫鱼等,从中寻找乐趣。通过这些,可以陶冶情操,活跃身心,增强机体的活力。

活动场

很多人会说长寿老人像孩子,其实像孩子并不是一件坏事,这是保持童心的表现。童心主要表现为无忧无虑,不快乐的事情忘得快,容易满足,想哭就哭,想笑就笑,喜欢交朋友,天真无邪,好奇多问,异想天开。如果你现在已经没有了一颗童心,那就跟着以下7条训练内容来唤醒你的童年吧。

工具/原料:

纸、笔、小时候的照片、小时候喜欢看的童话和卡片等。

方法/步骤:

(1)回想一下自己童年时候的那些梦想,把它们都写在纸上重温一下。

(2)回想一下童年时期的某段快乐、成功、骄傲的往事,找回自信,重新确立生活的追求。

(3)到小时候的幼儿园、学校等地看看,或者到你家附近的幼儿园看看,感受一下小孩子们的天真和快乐。

(4)看看小时候的日记和一些喜欢的书籍、照过的一些照片。

(5)去看望自己小时候的老师、同学和朋友,谈谈以前一起共度的时光。

(6)看看童话,玩玩儿童喜欢的游戏,重温儿时的梦。

(7)有时间多和孩子们在一起聊天、玩耍。

虽然说一个人不可能永远处于儿童时代,但是可以拥有一颗童心,因为儿童的天真和善良,在一个人的不同年龄段,都可以用不同的方式体现出来。

启思录

夕阳红

人的一生,如果真的有什么事情无怨无悔的话,那就是你的童年有游戏的快乐,你的青春有漂泊的经历,你的老年有难忘的回忆。所以,请撇开别人的眼光,活出精彩,不负此生。虽是夕阳,仍光彩夺目。

第33计　掌握延缓心理衰老的方法

知识窗

什么是心理衰老？

心理衰老，是指人的精神活动功能的衰老，如感觉迟钝，记忆衰退，思维缓慢，好奇心下降，兴趣范围缩小，活动意识淡薄，遇事信心不足，丧失生活目标的追求，情感脆弱，易激动和发脾气，克制能力差，常因一些微小的身体不适而产生疑病性的先占观念等。

怎样延缓心理衰老？

延缓心理衰老的十大法则：
（1）增加营养。
（2）锻炼身体。
（3）规律生活。
（4）爱好多样。
（5）不怕动脑。
（6）与年轻人结交。
（7）不服老。
（8）适应环境。
（9）自知自爱。
（10）注意保健。

活动场

下面介绍几种活动,让老年人可以保持年轻的状态。大家可以一起来做做。

1. 音乐

一曲节奏明快、悦耳动听的乐曲,会拂去你心中的不快,使你乐而忘忧。老年人应该选择那些健康、高雅、曲调优美、节奏轻快舒缓的音乐,达到消乏、怡情、养性的目的。

2. 书画

书画讲究意念,练习时必须平心静气、全神贯注、排除杂念,以达到修身养性的目的。

3. 钓鱼

适合垂钓的地方多在郊外,借此经常到郊外去走走,本身就是一种锻炼。

4. 养花

花不仅可以供人欣赏、美化环境,令人赏心悦目,而且花的香气还能起到净化空气的作用。

5. 跳舞

实验研究表明,即使交谊舞中的慢步舞,其能量消耗也为人处于安静状态下的3~4倍。

6. 旅游

旅游可以使人饱览大自然的奇异风光,学习历史、文化、习俗等,让人获得精神上的享受;同时,置身于异域的风景中,呼吸一下清新的空气,让身心进行一次短暂的流浪,更能让人获得放松。

启思录

老年时光,仍有诗和远方

老年,如一段交响乐,越到最后,越觉余味悠长。

老年,如一杯佳酿,酝酿时间越长,越能品到它的醇香。

老年,是一本书,读到最后,才知这本书的分量。

老人是儿童的伙伴,青年人的智囊,中年人的师长。

老年,是天边的夕阳,虽近黄昏,仍有一个华丽的收场。

老年,有老年的骄傲,人生的丰富经验,生活的深厚积淀,让老人更加慈爱,睿智,豁达,开朗。

老年的清闲,青年没有;老年的悠闲,中年奢望。

老年,既可以像松柏那样安静淡定,也可以像白云那样随性,活泼。谁说老年人的生活单调无聊？谁说老年人活得苍白,没有质量？老年人有老年人的追求,老年人有老年人的梦想,只要热爱生活,老年时光,仍然有诗和远方。

第34计　了解老年人害怕死亡的原因

知识窗

恐惧死亡的原因有哪些？

死亡恐惧来源于生命体的一种生存本能丧失,所有一切丧失的感觉,对一般人来说是难以接受的人生空虚感。

如何树立正确的死亡观？

老年人要想获得快乐、幸福和充实的晚年生活,其根本就在于要处理好死亡问题,树立恰当的死亡观。有以下几点:

1. 保全生命

重视、珍惜生命是所有人都应该树立的生命观,老年人尤其要如此。

2. 良好的道德修养

道德是人生的基石,人活在世上,不能不讲道德。重视、珍惜生命不是不择手段地去保全自己生命,而是要在一定的道德范围内去实现自己的生命价值。

3. 正确认识死亡

人生最彻底的超越莫过于从死亡的精神压力下摆脱出来,这样,其他一切烦恼与痛苦都将不在话下。

4. 存顺没宁,生死达观

"存顺没宁"的生死观是中国先贤倡导的对生死的最基本的态度之一。

活动场

阅读以下各项,丰富自己对死亡的认识。

(1) 不知道自己会在何时、何地死去,对此我没有深感不安。

（2）我接受"我的死亡是不可避免的"这个事实。
（3）当某个与我亲近的同龄人死后,我能够很快地适应这一变化。
（4）我会想去参加亲人或朋友的葬礼。
（5）出行时,我不会总担心发生意外事故。
（6）当我面临死亡时,我会和家人或朋友讨论它。
（7）如果一个朋友或亲人快要死了,我愿意别人告诉我。
（8）我不害怕死亡,但也不会主动选择自杀。
（9）如果我的亲人、朋友都离世了,那种孤独感会让我感到有些害怕。
（10）如果某个与我亲密的人死去,我会非常想念他。
（11）仔细思考有关死亡的问题,可以使我更加珍惜生命。
（12）我认为死亡是生命中自然存在的一部分。
（13）如果我得了一个致命的疾病,我希望有人坦诚地告诉我。

注意:以上问题仅供自测,无评分标准,不具备评估效果。仅希望通过上述问题让大家可以对生死有个较为具体全面的了解。

启思录

珍爱生命

宁静,可空气中已燃起希望的火种;
一声声亲切的呼唤,犹如天籁之音,把我从沉睡中唤醒;
当一片洁白悄无声息地映入我惺忪朦胧的眼睛;
当一阵伤痛不可遏止地煎熬我柔弱的躯体和心灵。
一缕温暖而灿烂的阳光,一种温馨而细腻的渗透;
让一颗颤抖而高悬的心抵达生命的彼岸。
这时,你的情感和我生命的琴弦产生了强烈的共鸣;
健康地活着,就是一道美丽的风景线。

第35计　正确看待生死

知识窗

生命追求的价值在哪里？

人的一生既要承担责任，也须享受权利。

人的一生都在承担责任。从一生下来，人就扮演着不同的角色，为人子女，为人父母，承担着不同的责任，也追求着不同社会角色所带来的幸福。

人的一生也同样享受权利。人生而自由，活着是为了自己个人的幸福，每个人都有权利追求合理、高效、充分地享受人生。

我们追求生命的价值，无论是社会价值还是个体幸福，都是我们生命意义的所在，每个人都期望能够延年益寿，享受幸福的人生。

生命最终走向哪里？

毕生发展心理学认为，发展是贯穿人的一生的，任何发展过程都是有得有失的。而人的一生无论被评价为伟大还是平凡，生命发展到最后的必然选择，都将是面对死亡，这也是自然界发展的必然规律。我们无法逃避死亡，却可以正确地对待死亡，做到"向死而生"。

许多研究发现，要正确地对待死亡，我们要认识到以下三点：

1. 正确认识死亡

死亡是自然界的基本规律，一切生物都要经历出生与死亡。"神龟虽寿，犹有竟时"，长生不老只是人们美好的梦想，只有正确认识死亡，才能直面死亡，不忧不惧，让我们的老年生活更加美好。

2. 完善自己的生命意义

美国著名心理学家埃里克森认为，老年人的主要任务是获得完善感，避免失望和厌倦感。老年人拥有丰富的人生阅历,充沛的生活智慧,积极整合自己一生的智慧财富,与家人、伙伴和他人进行交流,可以体验到更高的生命价值,避免孤独。

3. 死亡并不意味着人生的结束

死亡让我们意识到生命的有限性,督促我们珍惜时间。在有限的时间中,透过死亡来看人生,能使我们看待人生更加完整、更加真实,有利于我们创造合意的人生。我们思考生命的价值,了解死亡的意义,不是为了死,而是为了生,是为了超越死亡,让我们的思想和精神在人类文明中传承,做到精神永存。

活动场

有人总结了长寿人群的心理秘诀,让我们来看看自己做到了哪些,还可以点做什么。

（1）退休后应继续做点工作,让自己保持运转状态。
（2）建立起各种业余爱好,与志同道合的朋友交流。
（3）少谈论衰老,避开那些为衰老而忧愁的人。
（4）避免各种令人烦恼的事,至少应懂得如何对待、处理这些事。
（5）不要为孩子们担忧,儿孙自有儿孙福,莫为儿孙做马牛。

注意:如果你还有其他保持良好状态的秘诀,也可以和朋友们一起分享。

启思录

如何看待死亡?

105岁的日野原重明在被问到"您怕死吗"这个问题时,他曾如此回答:"不远的将来自己即将死去,一想到这样的事就感觉非常害怕,仅仅是被你问,我就紧张得两腿发软。"

但也因为这样的害怕,当每个清晨醒来发现自己还活着的时候,他的内心就无比喜悦。因为他认为只有活着,才有不期而至的邂逅,才能满怀期待地与未知的自己相遇。

所以,害怕死亡,并不是一件让人羞涩的事。

相反,它会让人更加珍惜活着的每一天,会让人带着一颗感恩的心,感受一切来自大自然的馈赠:蔚蓝的天空、柔软的青草、连绵起伏的山峦、自由翱翔的雄鹰;会让人怀着一颗欣喜的心,感受赤着脚在空旷的草地肆意奔跑、漫步时内心的自由自在和无拘无束。

有人说,每个人的生命,都是一场与死亡的必败之战,所以活着的每一天都要全力抵抗。在无可奈何中寻找勇气和信心,将生活浸染出自己喜欢的色彩,最后在与死亡不期而遇时,笑着说声"无愧我心"。

第36计　追求精神永存

知识窗

为什么要追求精神永存？

精神生命是一个人所获得的人类文化成果和为社会所做贡献的综合。人的物质生命是有终点的，是自然发展的规律，但人的思想和精神是能够在人类社会中不断传承和发展下去的。

精神永存是我们物质生活的延续，将我们一生的价值和贡献进行结晶。往小了说，可以给以家庭为单位的小我留下精神财富和精神力量，帮助家庭的成员更加积极、正面地去面对生活，发挥价值；往大了说，可以为社会群体的大我留下积极的价值取向和精神成果，促进社会积极发展，是我们生命的延续。

人类社会正是因为有无数先人的精神文化成果的积淀，有后人对先人的继承，才能逐步发展起丰富的社会文化。精神结晶带来的不仅仅是人类社会精神的不断发展，也是我们自身精神永存的基础。

如何做到精神永存？

精神永存的关键，在于我们要主动去回顾、去总结我们一生的精神成果，只要我们利用好现有的时间，充实地生活，并无愧于我们所接受的社会给予的一切，积极正面地去发挥自己的作用，自然有助于我们做到精神永存。

1. 积极接受人生

根据心理学家埃里克森的发展阶段划分，老年人的发展任务是进行自我整合，获得完善感。当我们回顾一生时，不论成功与否，都应接受我们与众不同的一生。经历是人的一生最宝贵的财富，回顾我们的一生，有成功，也有缺憾。积极接受，并非是对过去遗憾的否定，而是用客观正面的心态去坦然面对，静心生活。

2. 老有所为

"家有一老,如有一宝",老年生活并不意味着脱离社会,无所适从。老年人的人生阅历是社会不可或缺的精神财富,主动寻找适合自己、能够让自己发光发热的事情,在丰富我们业余生活,保持良好心情的同时,将自己的精神财富传承下去,方能精神永存。

活动场

是不是发现自己想做一些事情,却不知道从哪开始?我们总结了一些老年人喜欢的活动,快来看看吧。

1. 广场舞
广场舞不仅有助于我们保持健康的身体,还能交到新朋友,快去周围的广场看看吧。

2. 太极拳
太极拳是一种温和的活动方式,长期练习具有健身和延年益寿的功效,对防治慢性疾病有一定的效果。

3. 钓鱼
钓鱼可以静心养气,与好友一同前去,既能放松身心,又能增进友谊。

4. 读书会、书法会
喜欢阅读、书法的朋友,可以在社区定期举办交流会,互相交流心得,增长知识,找到志同道合的朋友。

启思录

永存的"中国精神"

1. "两弹一星"精神
热爱祖国、无私奉献,自力更生、艰苦奋斗,大力协同、勇于登攀的"两弹一星"精神,象征着中华民族自力更生,在艰难条件下,团结一心从事科研工作,创造"科研奇迹"的精神。

2. 延安精神

延安精神是中国共产党创造的一种革命精神。其内容是实事求是、理论联系实际的精神,全心全意为人民服务的精神和自力更生艰苦奋斗的精神。这种解放思想、实事求是的本质值得我们一直学习。

3. 爱国主义民族精神

爱国主义是千百年来固定下来的中华民族对自己祖国的一种最深厚的感情,同为国奉献、对国家尽责紧紧地联系在一起,是一种崇高的思想品德。

4. 改革创新时代精神

以改革创新为核心的时代精神是中华民族历来具有的富于进取的思想品格,是一种革命精神,是中华民族革故鼎新、自强不息、团结奋斗、昂扬向上的精神风貌的集中表达。

5. 西柏坡精神

西柏坡精神是中国共产党提出的红色革命精神之一。其内涵是敢于斗争、敢于胜利的开拓进取精神,依靠群众、团结统一的民主精神,戒骄戒躁的谦虚精神、艰苦奋斗的创业精神。

6. 新时代雷锋精神

雷锋精神的核心是为人民服务。在新时代,弘扬雷锋精神,就要奉献爱心、乐于助人;就要当好岗位上的螺丝钉,将雷锋精神融入日常的工作生活;就要勇做"民族脊梁",将每一份能量汇聚成助推国家、民族前行的磅礴力量;就要做雷锋精神的种子,把雷锋精神广播在祖国大地上。